大匠出而百业隆，百业隆则国运盛。

「大国工匠工作法」丛书

巨晓林工作法

——接触网施工

中国工人出版社

图书在版编目（CIP）数据

巨晓林工作法：接触网施工 / 巨晓林著；中国职工技术协会组织编写 . — 北京：中国工人出版社，2018.6

ISBN 978-7-5008-7021-0

Ⅰ . ①巨… Ⅱ . ①巨… ②中… Ⅲ . ①电气化铁道 – 接触网 – 工程施工 Ⅳ . ① U225.5

中国版本图书馆 CIP 数据核字 (2018) 第 135196 号

巨晓林工作法 —— 接触网施工

出 版 人 王娇萍
责任编辑 习艳群
责任校对 赵贵芬
责任印制 栾征宇
出版发行 中国工人出版社
地　　址 北京市东城区鼓楼外大街 45 号 邮编：100120
网　　址 http://www.wp-china.com
电　　话 （010）62005043（总编室）
（010）62005039（出版物流部）
（010）62382916（职工教育分社）
发行热线 （010）62005996 （010）82075964（传真）
经　　销 各地书店
印　　刷 北京美图印务有限公司
开　　本 880 毫米 ×1230 毫米 1/32
印　　张 3.875
字　　数 50 千字
版　　次 2018 年 9 月第 1 版 2019 年 11 月第 2 次印刷
定　　价 32.00 元

本书如有破损、缺页、装订错误，请与本社出版物流部联系更换
版权所有 侵权必究

大国工匠工作法丛书｜编委会

主　任　许振超

副主任　巨晓林　包起帆　高凤林　李　斌　窦铁成

委　员　（以姓氏笔画为序）

卫建平　王　伟　王保森　毛腊生　卢仁峰

代旭升　戎鹏强　朱洪斌　刘　丽　许启金

严寒冰　李凯军　罗昭强　金福吉　赵　斌

洪家光　徐　强　黄金娟　谢小星　潘玉华

序

劳动是人类的本质活动，也是人类最伟大的生存行为，更是人类进化的必然手段。但不得不说，并不是所有人都能理解劳动的含义，漠视劳动甚至于歧视劳动的思想及行为在当下仍然十分普遍。这对我国产业工人队伍建设和成长产生了不利的影响，我国产业工人队伍整体素质偏低、结构不合理的现状就是后果之一，制约了我国经济发展的步伐。

高素质劳动力的产生和成长需要土壤、温度和环境，“劳动最光荣、劳动最崇高、劳动最伟大、劳动最美丽”的理念以及“尊重劳动、崇尚创造”的观念，应当成为我国走向现代、富强和文明过程中的共识，并且落实到所有和劳动、劳动者有关的社会活动中。

中国工人出版社出版《大国工匠工作法》丛书，就是尊重劳动、尊重劳动者、尊重劳动者首创精神的积极举措。阅读这套丛书，相关行业的劳动者能有启发，能记住或许还能直接用上，提升自我的职业技能水平。通过这套丛书的出版，激起各行各业技术工人钻研技术的兴趣，展示产业工人在技术技能创新方面的更多价值，那就是这套丛书出版的最大收获和惊喜，值得为此点赞！

2013年4月28日，习近平总书记在和全国劳动模范座谈时提出：我国工人阶级要增强历史使命感和责任感，立足本职、胸怀全局，自觉把人生理想、家庭幸福融入国家富强、民族复兴的伟业之中，把个人梦与中国梦紧密联系在一起，始终以国家主人翁姿态为坚持和发展中国特色社会主义作出贡献。当代工人不仅要有力量，还要有智慧、有技术，能发明、会创新，以实际行动奏响时代主旋律。

工人是普通劳动者，劳动者的责任和使命不是一句空话，是体现在劳动和劳动成果中的。就劳动而言，现在看也远不是过去意义上的简单劳动。

愚公移山是一个家喻户晓的寓言故事。愚公带领他的子孙每天不停地挖山，要搬走门前的太行、王屋两座大山。最终是愚公的精神感动了天帝，天帝派神仙把山背走了。假设穿越一下，回到没有炸药、没有机械工程的那个年代，愚公的后代大概到现在还在挖山。

这个寓言故事给我们的启迪应当多一层，吃苦耐劳、艰苦奋斗的劳动精神我们绝不能丢，但是劳动的方式、方法和劳动工具更值得我们去研究和运用。换句话说，当今的工人应当具备与岗位工作相适应的职业能力，否则承担责任和使命都是空的。

我以码头装卸生产为例。早的不说，20世纪70年代码头生产已经是机械化操作了，1万吨的矿石船，我们用5台抓斗门机，100多号人三班不停地干，搞大会战，要干1个星期。而现在，3台大型卸船机、皮带运输机一开，用不了24小时，20多个人就能卸完一条装载了20多万吨矿石的巨轮，生产效率几十倍、上百倍地提高。靠什么？靠技术、靠现代化装备。这就是知识、科学技术的力量，不服不行。

读者细心阅读琢磨这套丛书后，会找到不少类似的实例。丛书里记录的都是顶级技术工人从业几十年来的经验体会和智慧结晶，而在背后支撑的就是他们的责任感和使命感。他们能成为大国工匠，靠的不仅是精益求精的工匠精神，更是丰富的知识和过硬的科学技术技能。可以这么说，要做一个合格的、优秀的当代技术工人，不学习不行，不掌握现代劳动技术技能更不行。

当今世界，劳动的观念在更新和重建，内容、方式都在发生变化，所以对劳动者自身能力和素质也有新的更高要求。《大国工匠工作法》丛书将帮助有志于投身中国工业现代化建设的产业工人提升自身职业能力，也期望这套丛书能得到越来越多产业工人的喜爱。

许振超

2018年8月7日

目录

第二章　接触网下部施工方法 / 57

第三章　接触网施工中的技巧 / 65

引言

接触网是在电气化铁道中，沿钢轨上空“之”字形架设的、供受电弓取流的高压输电线。接触网是铁路电气化工程的主构架，是沿铁路线上空架设的向电力机车供电的特殊形式的输电线路，由接触悬挂、支持装置、定位装置、支柱与基础几部分组成。

在接触网的施工过程中，本着“省时省力省材料，保质保量保安全”的原则，可以使用一些巧妙的施工方法。掌握这些施工方法后，不仅能够提高接触网施工的效率，节约生产成本，还能提高施工人员的安全系数，节约其体力，让接触网施工更加高效、安全、轻松。

本书介绍的（普速）接触网施工方法涉及接触网安装的上、下部作业，是对接触网施工方法的一次全面的概括和总结。

第一章 接触网上部施工方法

方法 1

上、下腕臂间跳线方法

铝绞股线中心有一根钢芯，且在上、下腕臂的棒瓷绝缘子槽里安装时，均要弯一个弯，所以一般很难做直、做紧。且上、下棒瓷槽里的跳线弯要紧贴棒瓷槽，因此，很难做到标准和美观，往往不是有些弧弯，就是显得有点松，工艺不美观。如图 1 所示。

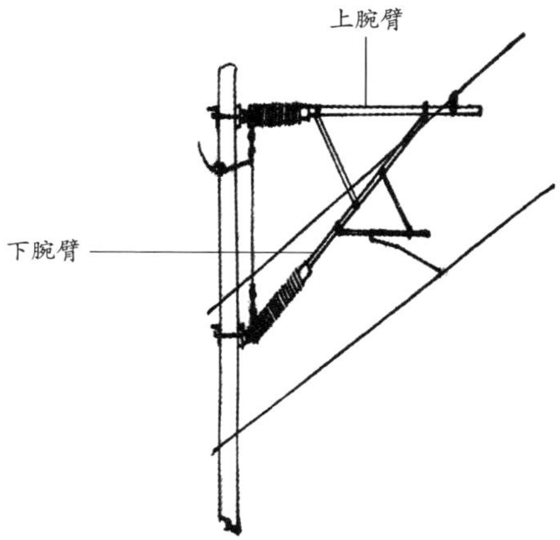

图 1
上、下腕臂示意图

有一个巧妙方法可以克服这个缺点。

首先，预制好腕臂跳线，即先确定首件腕臂跳线的尺寸，需测量、计算和试做。首件尺寸确定好了，一样的类型就可以照此复制，并预制好弹圈。比如，一般将迁曹线的跳线截出 5.5 米长，量出 3.4 米处，然后在直径 50 毫米的定位管上弯三个圈，用一根铝线头扎住。稍加长 3 厘米，两头捋直，再到 3.4 米处的起始端弯一个弯作为记号，这个记号即为连接上、下腕臂棒瓷绝缘子间跳线的端头。

其次，将预制好的腕臂跳线在上腕臂绝缘棒瓷处比对好，并将其弯好，然后把跳线拉直，在下绝缘棒瓷跳线针根部绑扎处，先弯反弯，如图 2 所示，再拉紧。一只手把跳线和跳针握住，另一只手拽着跳线在下绝缘棒跳线槽的最下端处比个印。将此印往回的 2 ～ 3 厘米处在空中像弯拉线回头一样先握个弯，如图 3 所示，再放回跳线槽中比试一下。若不行再重弯，若可行的话，再往回弯一个绑扎的回弯，注意稍微握紧 0.5 ～ 1 厘米，如图 4 所示。

最后，拉紧、顺直、并列、贴好后，一手握紧，另一手在跳线针头处用铝绑线头紧缠 3 ～ 4 圈，用铝绑线起好绑扎头（注意绑扎头朝跳线针头方向）。绑扎 3 ～ 4 圈后，用钳子顺列轻夹在缠绕的绑线上，用扳手轻敲，使缠绕的 3 ～ 4 圈铝绑线紧移到跳线针根部后再绑扎 5 厘米，然后从跳线针头

图 2
反弯示意图

图 3
握弯示意图

图 4
回弯示意图

留 2 ~ 3 厘米倒绑扎 5 厘米即可。另外，还可以把图 2、图 3、图 4 三个握点在下腕臂绝缘棒瓷向上移动的两个棒瓷槽沟里握好，再放回跳线槽里。

方 法 2

AF 线悬挂绝缘子串跳线针处的跳线方法

AF 线悬挂绝缘子串跳线针处的跳线做法是，先按照跳线连接的线路测算出跳线的长度，从一头先弯一个 30 厘米长的回头，再将扳手把端的孔套在跳线回头上，如图 5 所示。在离回弯点约 8 厘米处弯两个绑扎点的直弯。

将跳线针处压板螺杆中的一个螺母松到不至于掉落的最大

图 5
将扳手把端的孔套在跳线回头上

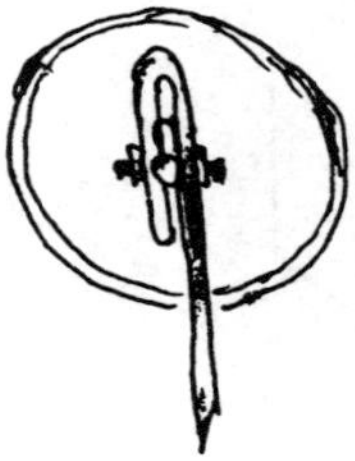

图 6
先松着戴上螺母，再敲至密贴，最后绑扎。

限度，将另一个螺杆卸下抽走，将跳线回头顺两个压板凹槽放进去（据经验可以将回头的一半先放进去），对好压板孔穿进螺杆，先松着戴上螺母，再将跳线回头用扳手敲至弯曲密贴后，拧紧两个螺母，如图 6 所示，最后以“跳线针处的跳线快速绑扎法”（见方法 3）绑扎好即可。

方 法 3

跳线针处的跳线快速绑扎法

取 2.4 米长的铝绑线（本体单根）盘成直径为 5 ~ 6 厘米的小圈，将其外圈的线头夹直 10 余厘米，从 7 ~ 8 厘米处弯个直角，再握一个“n”字形小弯形成的面，以及一个与线头

图 7
“n”字形绑扎头

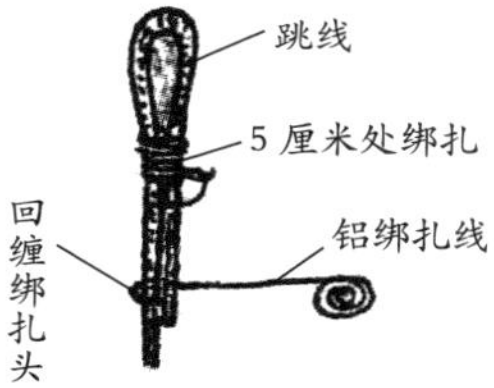

图 8
回缠绑扎头

垂直的绑扎头（和绑扎拉线回头一样），如图 7 所示。

从跳线针根部先绑扎 5 厘米拧住，将其立起向回弯一个“n”字，尾线拉直，紧贴进跳针与跳线的凹槽里。在距跳针头 2 厘米处，以此线为基线，回弯一个绑扎头，如图 8 所示。回缠 5 厘米，将第一个 5 厘米外的“n”字用钳子断开，将刚缠扎的线头拧住，将两处 5 厘米的绑扎线修整好、扭正即可。

方法 4

悬瓷绝缘子串吊装巧绑绳法

AF 肩架安装好后，就要安装悬瓷绝缘子串。通常的做法是，将大绳的一头打上背压活拽扣，绑在绝缘子串的第二个与第三个悬瓷连接处，把滑轮挂在肩架上，拉上去后直起挂在球头挂板上。直起时，绳子与悬瓷绝缘子的边沿有点拧劲儿，安装时稍微有点儿费劲。经过试验，若将绳子绑在第二个悬瓷绝缘子的沿槽里（悬挂大绳、滑轮的铁线套子刚刚够着最好），拉上去的时候，绳子与绝缘子串就不会别劲，单手也很容易安装，如图 9 所示。

图 9
悬瓷绝缘子串吊装巧绑绳法示意图

方 法 5

双线巧缠铝绑带法

有时候，接触网的供电线会采用双根铝绞钢线并列在一起，两线之间只有 15 ~ 18 厘米的距离。缓鞍子缠铝绑带时，用手给铝绑带转圈很困难。此

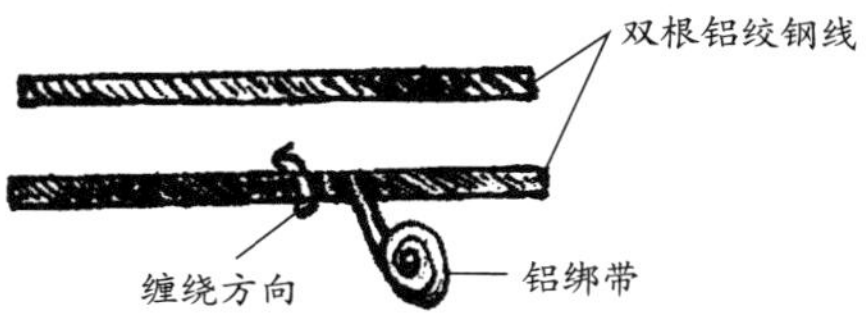

图 10
双线巧缠铝绑带法示意图

时，可以先取一根铝绞钢线，并顺线绞股方向稍松（能转动就行），缠一个铝绑带头，然后一只手转动铝绑带头，另一只手顺弯曲缠铝绑带，两手配合，直到缠绕够长后截断。两手再将其转缠，直至紧密贴合即可，如图 10 所示。可依此方法缠绕另一根铝绞钢线。

方法 6

使双线鞍子的单联头挂板转动灵活法

有时候，由于普通双线鞍子的单联头挂板零件规格不匹配，很难安装进去，即便是硬砸进去安装上销钉与开口销，也会导致转动不灵活，给缓鞍子带来不便。

图 11
使双线鞍子的单联头挂板转动灵活法示意图

解决此问题有一个巧妙方法，即双手拿着双鞍子连接的一头，轻轻地在硬地上碰撞几下（销钉头冲着地面），单联挂板就转动灵活了，这样缓鞍子也就方便了，如图 11 所示。

方 法 7

硬横跨钢柱 AF 线增高肩架安装法

硬横跨钢柱上的 AF 线增高肩架安装和别的肩架安装有点不同，首先，要将吊环技术要求预配在增高肩架上。其次，另配一串 4+1 悬式瓷瓶串、鞍子，其他螺栓、副角钢不要配装上。最后，用双根 4.0 铁线做个套子，越短越好，能在增高肩架主角钢绕过来，正好能挂上滑轮钩就行。

第一个人带上滑轮、大绳、套子上到钢柱顶，站在钢柱顶里面的横撑上面，向田野侧，并系好安全带，将滑轮、大绳、套子挂在钢柱顶田野侧的最顶横撑中间。第二个人上钢柱顶硬横梁的下沿处，把安全带扎在垂直于铁路的第三个横撑上（由上往下数），便于来回移动。第三个人上钢柱，站在下腕臂底座处的钢柱里边，面向肩架上升的方向。先分别将四根螺栓和两个副角钢用绳绑住吊上去，并分别放置在横梁上边和下边。将大绳一头绑在增高肩架最下端的主角钢上，并捋到下固定角钢和主角钢焊接处，再将大绳从上固定角钢下边向上顺去，并在主角钢弯转处用铁线把绳和主角钢绑一道。

两人拉绳，一人扶增高肩架使肩架与安装方向后靠立在钢柱田野侧。三人合力拉绳使增高间架滑行上升。当上升到下腕臂底座处时，在此站立的人将增高肩架向外推住。同时下边拉绳人及时配合拉绳，使增高肩架继续顺利上升。上升到滑轮与绑绳处时，钢柱顶站立的人双手抓紧增高肩架，侧面站立的一人配合解开绑扎线。与此同时，腕臂底座处的人也上升到钢柱另一边与解绑扎线的对站，并扎好安全带等待配合，下边的人再拉大绳使肩架升一下后，并将大绳换在增高间架上固定角钢的下边（即肩架与钢柱之间）。然后上下配合将增高肩架升到位后，两侧的人扶住肩架，顶上的人用 0.4 米长的铁线把增高肩架上固定角钢与钢柱横撑绑住。此时拉大绳的一人上钢柱顶，四人配合先安装上上固定角钢螺栓，三人站到增高间架下固定角钢处，田野侧站立一人，先解开绳子并顺滑好大绳。

钢柱顶里面的人将大绳、滑轮、套子换在增高肩架上边。等安装好肩架后，再与下边的人将配好的绝缘子串安装在吊环上，再将针式瓷瓶绑上来也安装上，解下大绳、滑轮、套子绑扎铁线即可，如图 12 所示。

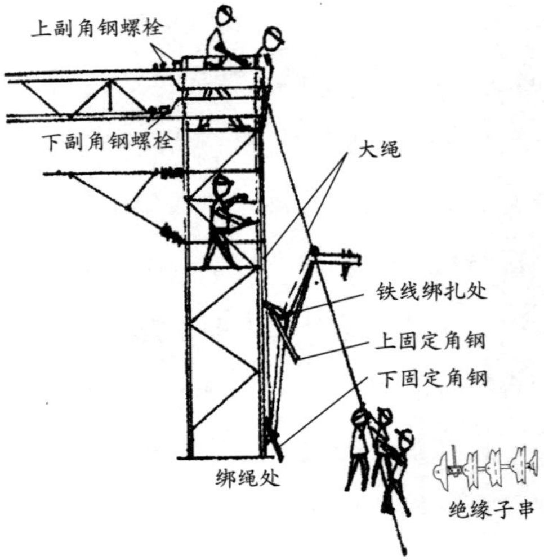

图 12
硬横跨钢柱 AF 线增高肩架安装法示意图

方法 8

桥梁圆形钢柱的增高肩架（AF线）安装法

桥梁圆形钢柱的增高肩架（AF 线）安装和硬横梁钢柱的增高肩架（AF 线）安装基本相同，但是也有差别。

先是预配，桥梁圆形钢柱的增高肩架要把上下固定副角钢、螺栓、吊环预配好。安装时，一人带上 0.6 米长的铁线，站在上腕臂底座上，面向安装侧，系好安全带，并把铁线穿在杆顶孔里。另外两人带上滑轮、大绳，站在杆子处两侧，并系好安全带，把大绳滑轮挂在爬梯对面的杆顶空里。

下面的人将大绳头绑在增高肩架主角钢最下端的方孔里，把大绳从固定角钢的田野侧顺上去，并在主角钢转弯处用铁线将其与主角钢绑扎一道。杆顶上的人手扶住滑轮，杆下的人拽大绳，将增高间架拉上去。到滑轮处时，上腕臂底座上的人双手抓住增高肩架，另一人配合扶住，爬梯上的人解开绑扎铁线，上下两方的人极力配合，将增高肩架放在上腕臂底座的副角钢上边。

腕臂底座上的人抓住增高肩架并稳住，另两人先稍松地安装上两个副角钢、螺母，把螺母稍拧紧一些，使增高肩架稍微贴近杆子。松掉大绳，杆上三人合力将增高肩架抬升到位，并用杆顶孔里的铁线吊绑住固定角钢处，腕臂底座上的人扶正、稳住肩架，另两人一前一后配合紧好上下固定角钢螺母，然后用大绳、滑轮、小铁线套子挂上绝缘子串即可。

方法 9

砼杆的AF线增高肩架安装法

砼杆的AF线增高肩架的安装法和桥梁圆形钢柱的AF线增高肩架的预配、人员站立的位置、绑大绳的方法相同，不同之处就是挂滑轮的方式。

用双根4.0铁线在杆顶5厘米处绑扎一道，将滑轮钩挂在田野侧（即AF线增高间架安装方向），并将大绳放进滑轮槽里，绑绳子的方法与硬横跨钢柱上的AF线增高肩架安装相同。将增高肩架拉到上腕臂底座副角钢上边后，上腕臂底座上的人双手抓住增高肩架，两侧的人将上固定角钢、螺栓稍松地安装上，然后三人合力将增高肩架抬升到位。之后，上腕臂底座上的人向上提住、稳住，两边的人快速将上边固定角钢上的螺母拧紧，再将下固定角钢螺母拧紧，挂上绝缘瓷瓶串即可。

方法 10

吸上线安装铁轨腰打孔法

有时候，吸上线安装要求在无信号铁轨腰上打一排四个孔（有时设计为两根，那就在对应的铁轨腰上也同样打一排四个孔），安上塞钉、固定板、设备线夹和吸上线连接。

打孔说起来简单，却需要认真去做。设好防护后，按技术要求先在铁轨上量出孔所在的位置（如在距杆子中心2米处画一个记号，但要注意：为了塞钉、固定板、吸上线的设备线夹在铁轨上好固定、好连接以及不影响铁轨维修，一般宜选在两轨枕中间），并用画笔画出一排四个孔的中心位置（即由两个轨枕中间，向两边排列，如一排四孔间距为10厘米，那就以两轨枕中心点向两边各5厘米画两竖道，再分别以这两竖道量10厘米画两个竖道，并在这四个竖道上各画一短横做标记，即表明为一排四个孔的垂直位置），再将电钻平架该铁轨面上。

之后，两轨枕上平放一块小木板支水平电钻架，把电钻头对准其中一个孔的标记，摇动电钻，移动手柄，将电钻头挨在铁轨腰上，看是否在铁轨腰中部。若是，即表明准备就绪；若不是，则可以加垫片调正水平中心。

一人脚踩稳电钻架子，手拿降温水管准备向钻头滋水

（也可以用一个矿泉水瓶加满水，拧上瓶盖，在瓶盖上钻个小细孔，双手捏瓶子，使水射出，滋到钻头上）。另一人一只手扶稳电钻架，另一只手摇电钻前进柄，使钻头挨近铁轨孔标记，扶电钻架的手控住开电钻开关，启动电钻，待电钻充分转动后，手均匀地摇电钻前进柄开始钻孔。与此同时，滋水的人向钻头上滋水降温，直到打透，再充分进退电钻，使孔达到标准即可。

注意事项：

①先与工务联系确认连接设备安全，并与车站联系设好车站、现场防护。

②确认钻头型号是否准确（一般是 Φ9.8 毫米）。

③电钻架子要前后支水平，这样架子顺铁轨平移时，打出的四个孔会在铁轨腰中间的一条直线上。

④钻机架好后，打孔时要用脚踩住以求稳定，进钻时不能翘起来。

⑤转动进钻手柄时用力要稳、均匀，切勿用猛劲。

⑥如发现钻头发出“吱吱”刺耳声，应立即停钻，换钻头，并检查钻头是否有损伤。

⑦最好由铁轨外边向里打孔，这样塞钉好打进去。

⑧禁止在无水降温的情况下钻孔，这样容易损坏钻头。

⑨禁止猛进钻或猛退钻，钻孔时上下、左右勿移架子。

⑩禁止在钻头有破损时，加力钻孔，这样无任何功效。

⑪若钻头坏损在钻孔里，则用坏钻头掏净钻头沫后，再换新钻头钻孔。

⑫一般来说，一个普通钻头钻完 6 ~ 8 个孔后，就要换新钻头，否则钻头容易坏裂。

⑬坏钻头不要扔掉，打磨（与原形状一样）后还可以继续使用。

方法 11

吸上线并接法

按技术要求把吸上线缆沟挖好、线缆头剥好后，就可以并接了。其方法一般是从两头向中间安装，即先将杆上的这头按次序穿上杆侧的护缆管及弯头，在杆上的 PW 线上先并接好，依次向下顺安至杆下，直到线缆入土沟里的线缆预留处。再将另一头也用同样的方法并接好，线缆并列顺至线缆预留处，将线缆顺盘整齐，恢复线缆沟。也可以用此方法，两头同时向中间预留处操作。

注意事项：

①铁轨腰上打孔连接吸上线时，轨道电路一定要正确。

②在扼流箱处中性板上并接时，不要触及两边电路。

③杆上要顺排整齐美观，固定时要牢固。

④护缆管头要填充好，并用胶带缠绕结实。

⑤并接线夹要牢固，单线夹时两边要各绑扎 5 厘米。

⑥塞钉打入要牢固，铁轨孔周两面要刷油或防锈漆。塞钉要加固。

方法 12

上部地线绑扎法

隔离开关、避雷器、架空地线、供电线等，都要做上部地线，它们均是从杆子上边的设备或角钢上引下来 1 ~ 2 根钢筋，一直与接地极连接，约有 6 米长，在杆上大都有些弧弯。为了美观、牢固、省料、便捷，需用铁线或铝线绑扎几道，固定在杆子的凹槽角就可达到要求了，那么怎样绑扎的效果最好呢?

据试验、比较，采用环钢筋外勒杆侧角绑扎法最理想。其方法是：取 80 厘米长的铝绑线，从杆腹面角与钢筋间穿过来。拽至线头留 10 厘米长后，环交钢筋，另一头从杆腹孔里穿过去并勒紧，使钢筋紧贴杆腹面，再从侧面贴绕回来，与

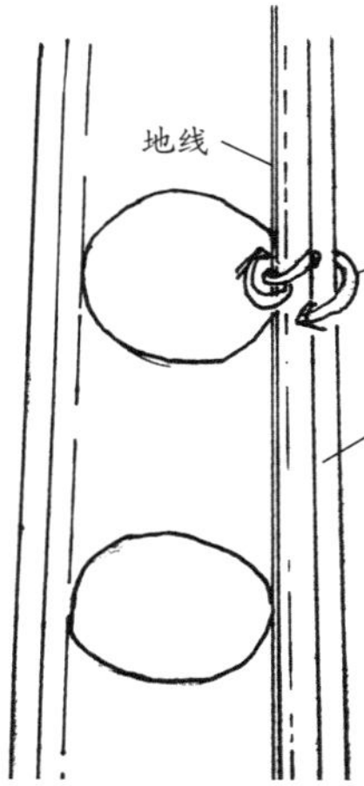

图 13
上部地线绑扎法示意图

端头紧钩在一起，用钳子绞上劲，掐断、砸贴杆凹角，如图13 所示。

方 法 13

承力索预绞式防护条安装法

为了减少承力索的摩擦，承力索悬吊滑轮处需要安装 2 米长的预绞式防护条。安装时，将防护条的中心对准承力索在该悬吊滑轮处的偏移总长的 1 / 2 处同向缠绕。

当缠绕到悬吊滑轮点时，一只手先将悬吊滑轮向前使劲地扳住，另一只手再缠绕一些防护条，直到再也缠绕不动。这时再以同样的方法将悬吊滑轮向回使劲地扳一扳，直压在已缠好的防护条上边，然后再缠绕一些，放开滑轮，缠绕好即可。

方法 14
硬横梁上吊柱移动法

线路改造有时会导致接触网也随之变动，车站硬横梁上的吊柱腕臂、承力索、导线等也要随之移动。

经过试验，可以整体移动，方法是两人带一条大绳、三个滑轮、钢丝套子上硬横梁，先用线坠绳测出移动的要求位置，并画上标记，将吊柱的悬吊螺栓换成大包（650 ~ 900 毫米）硬横梁的螺栓，用一个钢丝套子将 0.75T 手链葫芦挂在要移动的方向（越长越好），葫芦钩用一个钢丝套子挂在承力索、腕臂鞍子处。一人紧葫芦，另一人将吊柱的悬吊螺栓松开一些（四个全松开，使吊柱离开硬横梁底，有一点空隙），并同时用脚向葫芦拉动的方向蹬悬吊角钢。两人这样配合，直至到位，紧上螺栓，再复查承力索、导线高度、拉出值。合格后，再将螺栓换回安装好即可。

注意，梁上有焊节时，要用小钢钎撬别过去。移动时，两人配合要恰当，即要时刻观察吊柱的倾斜情况，以防吊柱移动的倾斜度过大卡住梁底。

方法 15

硬横梁上的跳线肩架安装法

安装硬横梁上的跳线间架，最合理的安排是三人一小组，两人带上大绳、滑轮、铁线套子上硬横梁，另一人在下边用线坠和梁上的一人配合，按要求画出第一个安装位置。梁上的人并挂上套子、滑轮、大绳，下边的人在绳的一头绾一个死套环（一是防止大绳从滑轮里脱出；二是为了解绳方便；三是梁上的人带绳移动时轻便），套在配好的跳线肩架调节孔的钩钉处别住（以防此钩钉在上提的过程中脱掉），并将其拉上去（拉绳时，尽可能将两绳头的夹角大于30度，以免两绳在空中缠绕）。

梁上的人一只手抓住肩架，另一只手将大绳环从肩架上撸出去，注意不要让此处的钩钉脱掉，将平面、针瓷方向按安装要求放在梁上画好的安装位置处，而后带上大绳、滑轮、铁线套子向前移动到下一个安装处，以同样方法将跳线肩架吊放到梁上。梁上另外一人在后逐个确认位置并安装好，当梁上前边的人吊上最后一个跳线肩架时，直接确定位置安装好。

方 法 16

接触网上部地线地面测量法

1. 测量杆制作

将一副TR型测距器（下文简称测量杆）组装好、固定住，在上端有钩处缠绑一根1.5米长的Φ4.0毫米的铁线，距测量杆钩长出精确1米的地方弯一个小钩，并与原测量杆钩错开180度。

2. 测量方法

先将制作的测量杆立直，并将测量杆头缠绑的Φ4.0毫米铁线钩钩挂在上部腕臂底座的螺栓上。测量杆垂直后，在测量杆下端处的支柱上画一个标记横线，写上“上”字，然后用测量杆的挂钩，钩住下腕臂底座的固定螺栓。测量杆垂直后，在测量杆下端处的支柱上画一个标记横线，写上“下”

字，再用测量杆杆头有钩处加缠 Φ4.0 毫米铁线钩，钩挂住 GW 线肩架的螺栓。测量杆垂直后，在测量杆下端处的支柱上画一个标记横线，写上“G”字。注意，“G”横线标记若向下并超过“下”横线标记时，为负值；“G”横线标记若向下并未超过“下”横线标记时，为正值。

3. 计算

用钢卷尺先测量出“上”至“下”两横线标记的垂直距离（即上、下腕臂底座的固定螺栓的距离），再加上 1 米，即是上腕臂底座固定螺栓与下腕臂底座固定螺栓中心垂直距离。再用钢卷尺测量出“G”横线标记与“下”横线标记的垂直距离，再加上 1 米，即为“GW”线肩架螺栓与下腕臂底座螺栓中心的垂直距离。

方法 17

上部地线安装法

接触网设备如避雷器、隔离开关等均是双接地，需要两根钢筋来接两个地极，即其中一根从设备上的地线螺栓处弯环安装，一直水平到杆子螺栓处，再直弯由上向下穿一下，向下顺杆子凹腹一角直下，与一个接地极连接；另一根是间接把杆子上的所有角钢连接起来，再用一根钢筋连接，一直向下顺杆子凹腹另一角直下，与另一个接地极连接。

如避雷器地线安装，若按上述的地线路线尺寸弯好弯，那直接穿螺栓就不可能了。如若不穿此螺栓，又因钢筋下引太长、太重，容易下沉而斜下，用铁线绑扎工艺又不美观。要解决这一难题，就要有一个搣弯和安装相配合的技巧来完成。可把钢筋按设想的地线路线尺寸弯好弯，然后用手将弯好的向下穿螺栓的直搣弯回过来一些，等从此螺栓处直穿过去后，再将此弯担在螺栓上重新弯回去，再安装上，这样既牢固又美观。

方法 18

上部地线集中做法

因为每一根砼杆子的上部地线形状、尺寸、螺栓直径只有 Φ20 毫米（上、下腕臂底座）和 Φ16 毫米（正馈线）两种。两种螺栓基本一样，变化甚微，用量又特大，而且用的是 Φ10 毫米钢筋弯的弯，有一定的调节余地。

为了减少多、杂、重的料具频繁的转移，提高工作效率，上部地线可以采用集中做法。其方法主要包括三大内容：集中测量、集中制作和集中安装。

1．集中测量

集中测量，包括砼杆子上部需要连接的各个角钢螺栓之间的距离测量、编制表格记录两个内容。

①距离测量：方法有两种。一是带上钢卷尺上杆，用钢卷尺测量需要连接的各个螺栓之间的外径（方便测量制作上部地线时的尺寸）垂直距离，如上、下腕臂底座固定螺栓外径之间垂直距离，上腕臂底座固定螺栓与正馈线肩架固定螺栓之间的距离等。二是采用“接触网上部地线地面测量法”进行测量。

②编制表格记录：如表1所示“德惠—虎市区间（站）地线测量记录”。

表1　德惠—虎市区间（站）地线测量记录

单位：毫米

杆号	正馈、上腕臂底座	上副角钢头20	两环方向垂直	上下腕臂底座	下副角钢头20	两环方向是否平行	其他
123	452	60	√	1800	90	√	
124	386	45	×	1795	70	√	

注解：“正馈、上腕臂底座”表示正馈线肩架在上腕臂底座上边；“√”表示“是”；“×”表示“不是”；“上副角钢头20”表示上腕臂底座固定副角钢头至固定螺丝之间的距离，“20”表示固定螺栓直径为20毫米；“两环方向垂直”表示这一根连接地线的两个螺栓是垂直的，因此，环也是垂直的。表格中后面的内容以字面意思类推。

另外，一些特式的杆，如接触网承、导下锚锚柱、附加线下锚等均要特别记录，必要时可以画图标明。

2．集中制作

集中制作包括钢筋弯制、除锈刷油漆、粘贴杆号标记和分单杆一组捆扎四项内容。

钢筋弯制时，一要确定各个角钢安装的位置，二要确定地线的连接螺栓的直径和钢筋所要走的路线。按地线测量记录数据弯制地线的各个形状，一般都是相同的“n 侧倒，在其一头，添一横”形式（即横折、横、竖）。经多次试验，为了便于弯制，必须先以螺栓直径大小弯一个环，从复杂的“弯角钢头处”向简单的单环方向按地线测量记录尺寸弯制。其方法是：先根据测量记录选杆号及各个要弯的连接地线，以上例德惠—虎市区间（站）地线测量记录表中的 123 号支柱为例说明弯制方法。即先选表中的“正馈、上腕臂底座”弯制，先弯一个过上腕臂底座固定螺栓的安装环（据表格记录直径是 20 毫米），再由环顶头内量 60 毫米，将环立着，夹在搣弯器的弯制撅里，用钢尺卷量角钢头，长度 60 毫米，横弯一个弯，成“n”形，再与环对齐，弯一个直弯，再从环中心量 452+60（Φ16 毫米螺栓弯一个环的钢筋的长度）长截断，弯一个与其同向的 Φ16 毫米环。以同样的方法制作上下腕臂的地线，并在环上贴上 123#，刷上灰色油漆，等油漆干后，用铝线将两根捆在一起，所有制作便完成。

3. **集中安装**

一人将要安装的地线按对应的支柱号摆在支柱下，另外两人在后边逐一安装。

方法 19

导线中心锚结绳调整方法

在调整接触网时，常常会碰到在一个锚段内，两个导线中心锚的结绳一个紧、一个松的问题。其原因有以下几种情况：

一是这一锚段的导线两端的补偿坠砣的重量不相等，或者坠砣的数量不相同。中心锚结绳紧的这边的补偿坠砣重或坠陀数量多，而另一边的补偿坠砣则正好相反。

二是导线中心锚结绳紧的这端的补偿装置卡滞，不能自由活动。

三是导线中心锚结绳紧的这端的铁线线路比导线中心锚结绳松的那端的铁路线路低（在同一水平而言），导线的自身重量向中心锚结绳紧的这端有一个重力偏向力（即导线的自身重力方向与导线方向不垂直）。

处理方法：

第一，必须把导线恢复到原中心位置，方法是一边向上提坠砣，另一边同时向下压坠砣。把导线位置恢复正好后，用铁线或手链葫芦临时固定住，重新安装导线中心锚结绳，调整吊弦。检查坠砣数目、重量，补偿装置是否有卡滞情况等，若有就逐一修正。

第二，因线路两端（两锚柱之间）水平高差过大，导线也随之两端高低差大，从而导致导线中心锚结绳一个紧、一个松的问题。解决方法是导线中心锚结绳紧的这端减少补偿坠砣，导线中心锚结绳松的这端增加补偿坠砣，直到平衡稳定为止。这样调整后，若还有一些偏差，就再抬高中心锚结绳紧的两端的吊弦高度（此时，中心锚结绳松的那端最好吊弦高度标准），向两边顺延调整吊弦高度，使导线顺滑，两端临吊弦之高度差符合技术要求。

方法 20

保证硬横跨基础主体高度方法

按要求来说，一组硬横跨的两个基础顶面的高度是相互关联的。因此，为了确保硬横跨基础主体的高度，必须在一组硬横跨支柱基础开挖前，用水平仪或软塑料细透明管装水来检验一下两个坑位置的路基面水平之差，再按技术要求标准确定两个基础顶面距地面（路基面）的高度，进而以基础设计高度推算出该基础坑要开挖的深度。

这里介绍一种用透明软塑料细管注水测两个基础坑点的路基面水平之差的方法。一是若透明软塑料细管够长，可以直接测量两个基础坑点的路基面水平之差。二是若透明软塑料细管不够长，可以利用中间铁轨面的任意一点来过渡（转换）测量换算，如图 14 所示。

①先测 C 点距 A 点水平之差。A 点和 B 点之间差 1.5 米，C 点和 F 点之间差 0.5 米，则 A 点比 C 点（铁轨过渡点）低 1.5 米 –0.5 米 =1 米。

②测 C 点距 E 点水平之差。E 点和 D 点之间差 1.8 米，C 点和 G 点之间差 0.7 米，则 E 点比 C 点低 1.8 米 –0.7 米 = 1.1 米，因此 E 点比 A 点低 1.1 米 –1 米 =0.1 米，即两个基础坑点的路基面水平之差为 0.1 米，且 E 点比 A 点低 0.1 米。若 A 点基础顶面硬横梁支柱高度为 7 米，E 点要立 7 米硬横梁支柱与 A 点硬横梁支柱水平的话，则 E 点基础顶面在 A 点基础面水平上再加 0.1 米，按技术要求，即 A 点基础为路基面高 0.1 米支模，即 E 点基础为路基面高 0.1 米 +0.1 米 =0.2 米支模。再通过基础设计要求，计算 A 点、E 点的两个基础坑点深度。

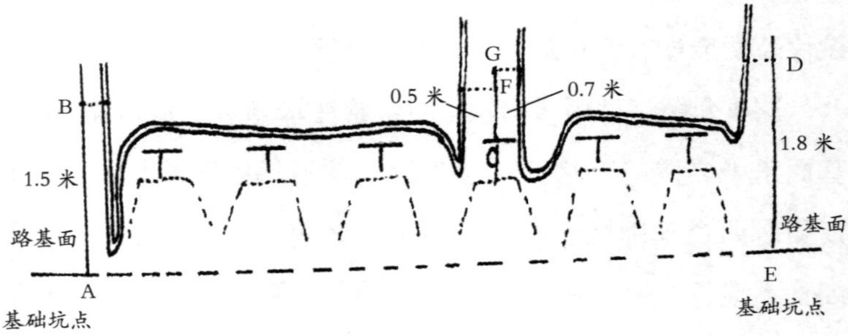

图 14
利用中间铁轨面的任意一点来过渡测量示意图

方 法 21

人工缓非工承力索鞍子的三种方法

可用放线车架子来缓接触网三跨、四跨、非支延长锚等承力索非工腕臂的承力索鞍子，既安全又方便、轻巧。但由于某些原因限制，需要人工来缓鞍子，可用以下三种方法。

1．用紧线法缓非工承力索鞍子

将一台梯车推至非工腕臂下，先把非工腕臂拨正（垂直铁路），在要缓的非工承力索鞍子处做个记号，把正线腕臂拨过来靠在非工腕臂上，用 Φ4.0 毫米铁线绑扎固定住（或先缓上正线鞍子后，把非工腕臂固定在正线承力索上），在非工鞍子处（非支承力索上）的两边约 2 米处分别打上一个紧线器，挂上 3T 手链葫芦，并在非工腕臂上的鞍子处挂一个钢丝套子，三吨铁滑轮把葫芦链放进滑轮槽里（用辅助绳放进滑轮槽里），紧葫芦。当这一段承力索松弛到一定程度后（即长度满足后），从非工腕臂头搭在上边去，对好记号，放上衬垫，放进鞍子里，紧固好螺母，松掉葫芦，卸掉紧线器即可，如图 15 所示。

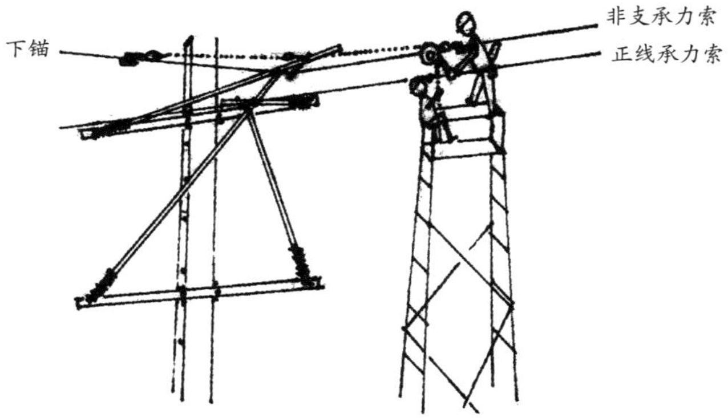

图 15
用紧线法缓非工承力索鞍子示意图

2．利用非工定位管做站立点，人工缓非工承力索鞍子

先用梯车把正线鞍子缓上，并把非工腕臂固定在正线上。在非工腕臂上安装非工定位管，并用铁线吊高一些（人站在上面，肩膀能超过鞍子）。松开鞍子放好衬垫，三人站在非工

定位管上（两人也可以站立在梯车框上用手扶住，曲劲如很大，可在对面用手链葫芦拉一下配合），把非支承力索用肩抬到非工腕臂上的鞍子里，紧固好螺母即可，如图 16 所示。

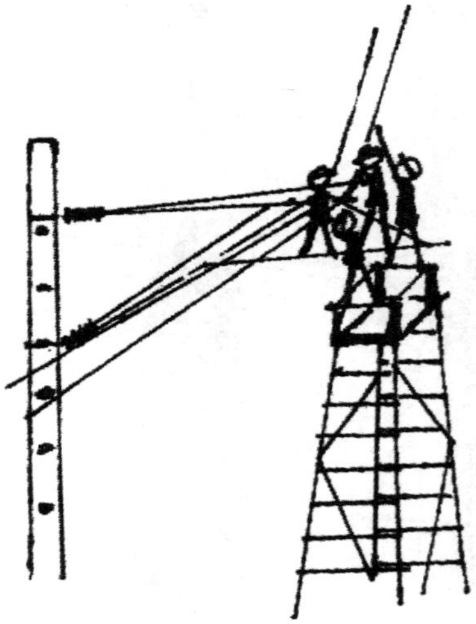

图 16
利用非工定位管人工缓非工承力索鞍子示意图

3．承力索从非工腕臂上边固定至下锚

把滑轮固定在非工腕臂的鞍子处封口，把非工腕臂固定住。架设承力索时，直接从非工腕臂上的滑轮里边穿过去。缓鞍子时，推一台梯车至非工腕臂下边，在正定位管上钩端头约 300 毫米处安装一个直径 50 毫米的定位环，并插入非工

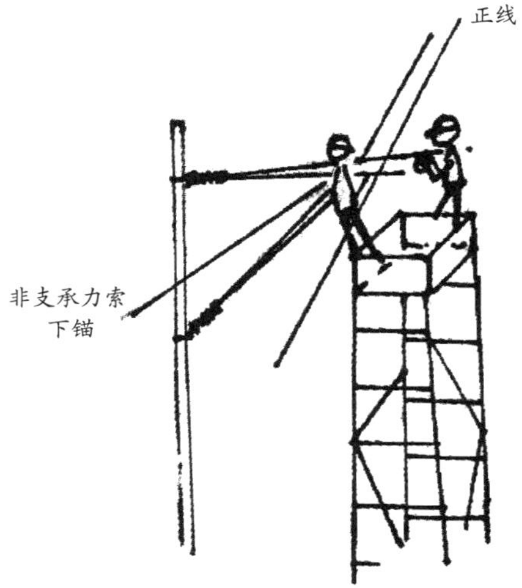

图 17
承力索从非工腕臂上边固定至下锚示意图

腕臂管头里，在定位管头上挂上 0.75T 手链葫芦，并挂住承力索，一边紧葫芦，一边用钢钎撬起承力索，让其超过鞍子，松开鞍子，放上衬垫。当承力索到位后，放入鞍子里紧固好，卸掉葫芦即可，如图 17 所示。

方法 22

非工接触线面的调整法

非工段一般在本锚段最后调整，接触线线面不正，是在接触网施工中经常遇到的问题。接触线线面不正一般会使吊弦（非工）线夹歪斜，吊弦随补偿变化而受力出现不均匀，工艺不美观，有时也会影响补偿动滑轮偏斜，进而导致补偿定位滑轮偏斜，补偿绳磨损。

出现这种情况时调整如下：

①架设接触线，接触线落锚时注意线面要保持准确。

②利用轨道车放线车架子调 a、b 值时，顺便调正接触线线面。利用轨道车放线车架子调整补偿 a 值时，在松卸葫芦以前，先把接触线非工的线面调正后，用定位器固定住，再慢慢松葫芦（反复几次），直到接触线面和补偿动、定滑轮处线面转正为止（调 a、b 值时，也可以调正线面）。

③补偿绝缘子为悬挂式瓷瓶串下锚时的接触线面调整法。补偿绝缘子为悬挂式绝缘子串时，它的转动点多，而且机械耐拉力大，所以一般采用带张力来转动调整线面。在绝缘子串与接触线终锚线夹下立一台梯车，先用换终端方法适当地松一下此处接触线绝缘串的张力，并保持住。一人带一根 1 米多长的粗钢筋（Φ20 毫米），用钢筋棍插入动滑轮架缝里，固定住，让其补偿处于标准位置不转动。另外一人拿扳手，并加一段钢管当力棒（300 ~ 500 毫米），用扳手夹住终锚线夹，用力试着转正接触线面。再有一人辅助抓住绝缘瓶裙边，同时转动，直到转正接触线面，动、定滑轮补偿也处于标准位

置为止，并保持住，慢慢松掉张力，如图 18 所示。

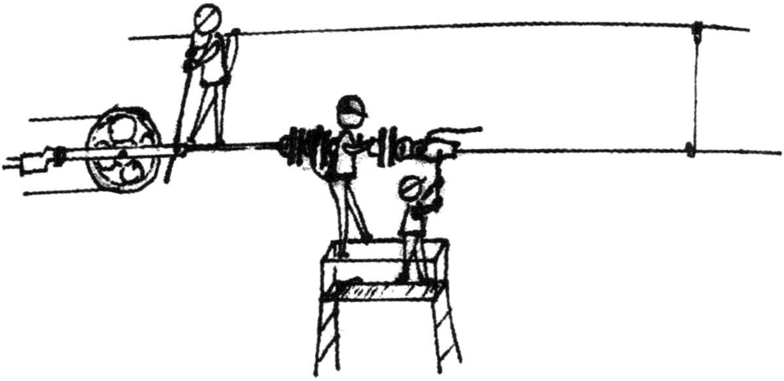

图 18
补偿绝缘子为悬挂式瓷瓶串下锚时的接触线面调整法

④利用紧线法调整接触线线面。用梯车（或人工）在接触线终锚线夹约 1 米处和补偿滑轮之间挂一个 3T 手链葫芦，并使葫芦链在其接触线要转正接触线线面方向，相反缠接触线线面要转动的相应圈数（导线要转多少圈，葫芦链对应缠绕多少圈），然后紧葫芦，等导线终锚线夹稍松时，用手转动一下接触线线面就正过来了（或者自动就转正了）。这个方法也可在落锚处适用于硅橡胶绝缘子，如图 19 所示。

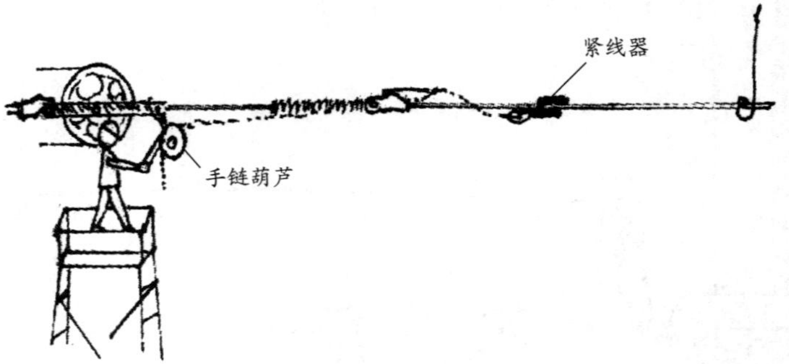

图 19
紧线法调整接触线线面示意图

方法 23

放完线后腕臂低头巧升法

放完线后，腕臂低头需要抬升时，若是在硬横梁，可用一个 0.75T 手链葫芦，一头挂在硬横梁上，一头挂在平腕臂承力索鞍子处，摇紧手链葫芦，让平腕臂稍微向上抬一点。松开套管双耳的螺丝，再摇手链葫芦，则斜腕臂自动向杆子侧方向滑动。平腕臂向上抬，直到升到要求位置后拧紧套管双耳的螺丝，松掉、撤掉葫芦即可，如图 20 所示。若是砼柱，则把 0.75T 手链葫芦挂在杆顶，然后拆开腕臂斜撑，以同样方法可以升平腕臂，如图 21 所示。另外，若是腕臂管的问题，直接升底座或者换腕臂管。

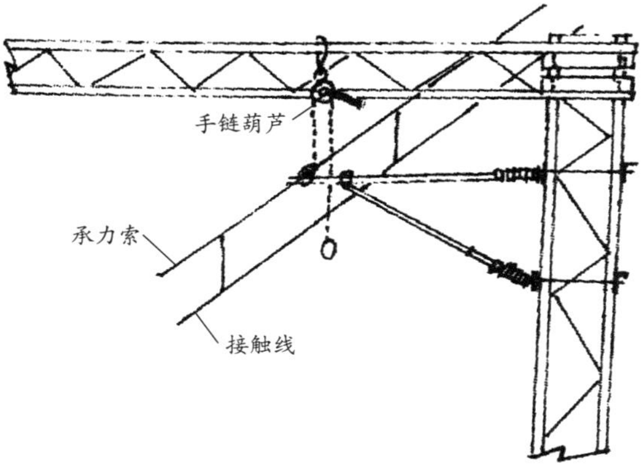

图 20
放完线后腕臂低头巧升法

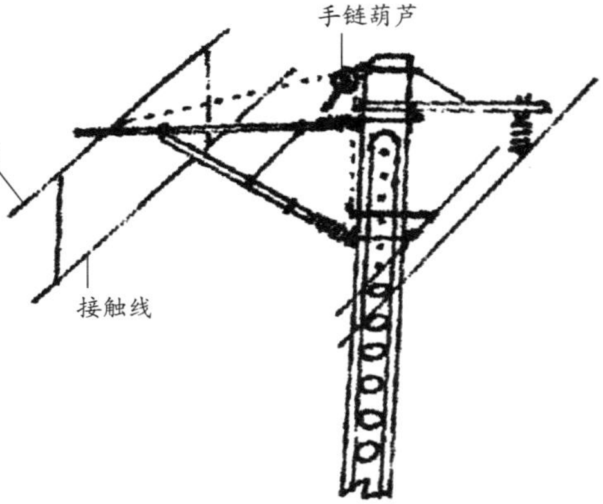

图 21
砼柱后腕臂低头巧升法

方法 24

斜撑式加长肩架安装法

先在杆下将肩架斜撑，吊环，上、下底座预配好，并根据直角三角形勾股定理计算出肩架上、下底座间距，也可以从肩架与上底座的连接孔画一条与长肩架上面垂直的直线，然后将斜撑转至此直线上，测量其上、下底座孔的间距。如图 22 所示，A 点和 B 点就是与肩架上面成角的直线（可以用“勾三股四弦五”来校正），将斜撑转至直线 AB 上，测量“h”的距离，这就是上、下底座的安装间距。

按设计高度要求将上、下底座在支柱上安装好，在杆顶下 100 毫米处挂一个铁线套子、滑轮、大绳。杆上上两个人，

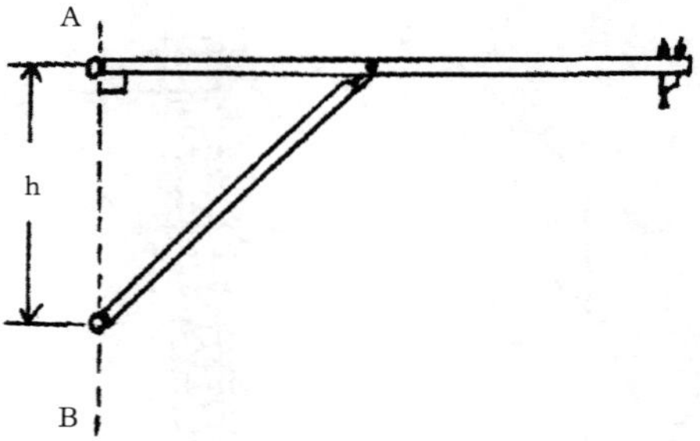

图 22
斜撑式加长肩架安装法示意图

一人站在下底座上，另一人站在下底座靠下 1 米处，左右错开。将绳的一头绑在斜撑与肩架连接处，拉绳将肩架连接处朝上拉上杆来。先将长肩架与上底座连接上，然后上面的人向上抬起长肩架，与此同时，下面另一人向上顶斜撑，直到肩架斜撑与下底座对上孔后穿上销钉，挂上绝缘串即可。

方 法 25

巧挂承力索补偿法

承力索补偿按要求预配好后，一人带上滑轮、大绳、0.9 米长的 Φ4.0 毫米铁线套子环，上杆至承锚角钢处，系好安全带，将 0.9 米长的 Φ4.0 毫米铁线套子环正放至锚柱杆顶沿上靠承力索补偿这边，将套子另一端穿进拉线环里绑住，挂上滑轮、大绳，如图 23 所示。杆下一人将绳头从第二个定滑轮中穿过绑住，并在双环杆头用细铁线与大绳绑扎一道，如图 24 所示，拉上杆后，杆上人一手抓住双环杆，一手解掉细绑线，与下边拉绳人配合，将双环杆的环按要求对在双耳孔里，穿上销钉、开口销，解掉大绳、滑轮即可。

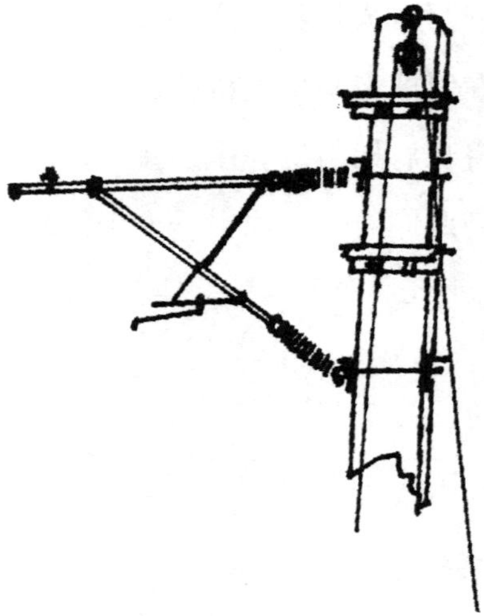

图 23
巧挂承力索补偿法示意图一

图 24
巧挂承力索补偿法示意图二

方法 26
放附加线滑轮新挂法

放附加线挂滑轮，铁线套子必不可少。传统的方法是取适当长的 Φ4.0 毫米铁线，两头做成环，套在肩架上挂一个滑轮，再往肩架上挂一个滑轮、绳，把附加线拉上去，换进滑轮槽里即可。

新挂法是取适当长的 Φ4.0 毫米铁线（500 ~ 600 毫米），在一头做一个环的套子。挂法是先在肩架上挂一个小套子（越小越好）、滑轮、绳子，拿一个滑轮，在其钩上穿进 Φ4.0 毫米铁线单环套子，再绑在绳子的一头，把展放的附加线放进滑轮槽里，用绳拉上去，如图 25 所示。杆子上的人把

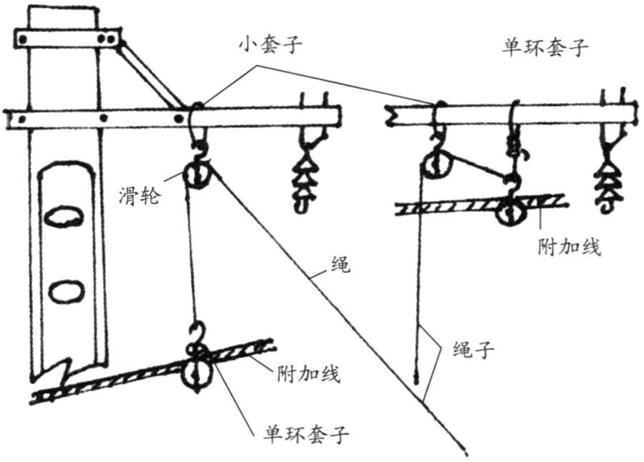

图 25
放附加线滑轮新挂法示意图

滑轮钩上的 Φ4.0 毫米铁线单环套子头从肩架上绕过来（一手按铁线，一手托滑轮，可以起高一些，这样便于换鞍子），在本线上绕两圈绑紧回撅一下，松绳，从滑轮钩上捋下绳子即可。使用这种方法，即使放线不停止也可以挂。

方 法 27

安装下部固定绳临时悬吊法

安装软横跨下部固定绳需要临时悬吊几处，以防过松影响行车等，在此介绍一种在车流量多、封闭点少、梯车难以上道的地段临时悬吊的简单方法。先做几个与上、下部固定绳距离相当长的“S”钩（视其软横跨长短及重量选择钢筋的粗细，一般是 Φ4.0 毫米以上），用一根较粗且轻便的 7 米多高的竹竿，在其小头上固定一个“Y”形钢筋叉头，用其叉头顶上“S”钩。先把“S”钩一头挂在上部固定绳上，当下部固定绳两头挂好后，用竹竿“Y”形头向上顶高下部固定绳，将其放入“S”钩的下钩里即可，如图 26 所示。

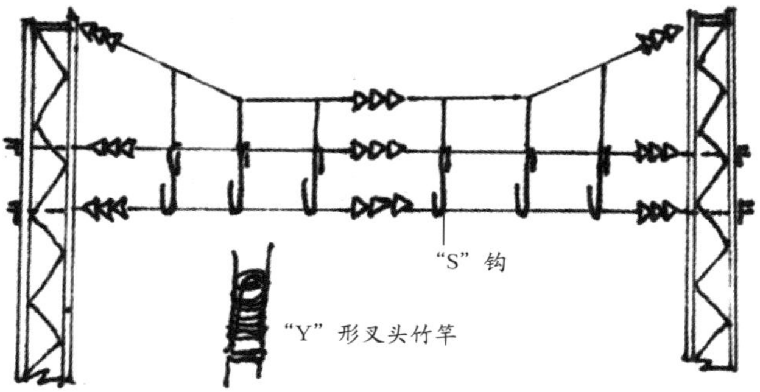

图 26
"Y"形叉头竹竿顶"S"钩示意图

方法 28
地线直角并接法

隔离开关、避雷器等需从杆子上边引一根连接钢筋，顺杆内凹槽沿下来直接连接地极，有时钢筋短，需要并接一段钢筋。原来的方法是用一段钢筋、两个并股线夹直接并接，这里介绍一种新工艺叫直角并接法。

方法是，在需并接的这段钢筋两头安装并股线夹处顺一个平面方向弯成的直角，与上、下钢筋并接，且顺杆斜沿（或两杆孔中之间），这样上、下杆时不会挂住衣裳，工艺美观、简单，也不影响接地性能。若钢筋够长，可在接头并线夹处，让任意一端成直角，并接起来顺沿即可，如图 27 所示。

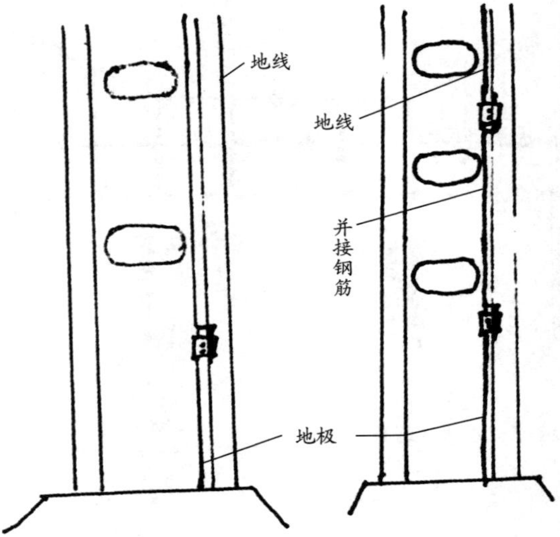

图 27
地线直角并接法示意图

方法 29

处理承锚触钢下滑、锚柱倾斜法

承锚触钢下滑、锚柱倾斜是接触网施工中时有的事情，解决的方法也很多。这里介绍一种既能升触钢，又不用取拉线、摘倒线索，还能处理锚柱倾斜的办法。

方法是在锚柱杆顶端放两根短铁管（以防止伤损杆子、滑轮组绳），在承力索补偿动滑轮前边的杵环杆上（靠动滑轮处，以防滑动）绕一个钢丝套子，挂上滑轮组钩，把滑轮组绳和尾绳头从锚柱杆顶上的两根铁管上通过，滑轮组钩用钢丝套子挂在拉线锚杆上，滑轮组尾绳用 1.5T 葫芦连挂在锚杆上，拉紧滑轮组（稍吃上一点儿劲最好），再用一个 1.5T 手链葫芦提承力索坠砣，两项配合，补偿，拉线松了之后，可以升承锚角钢，而后再上、下活动导线坠砣，紧后线，锚柱就垂直过来了，如图 28 所示。

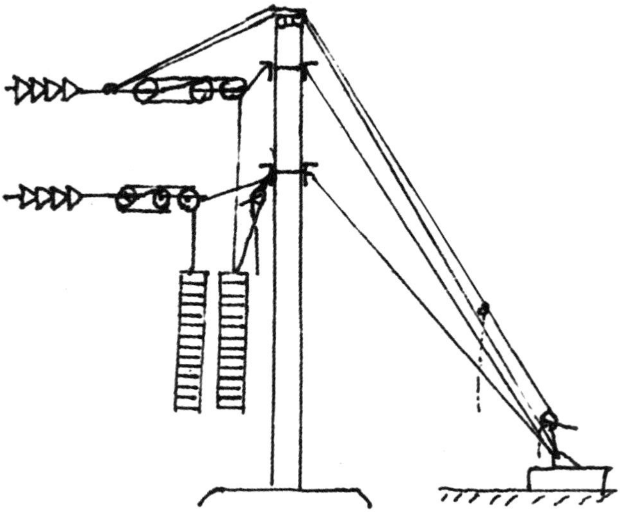

图 28
处理承锚触钢下滑、锚柱倾斜法示意图

方法 30

可调吊弦的巧安装法

可调吊弦其实也能一次安装到位，方法有两种。

第一种方法是按给定的数据配好吊弦直接安装。第二种方法是用一根铁线把承力索和导线连接起来，将导线高度（在吊弦安装位置上）确定好后，再将可调吊弦在其位置上比好长度做好，再同普通吊弦安装方法一样安装，如图 29 所示。

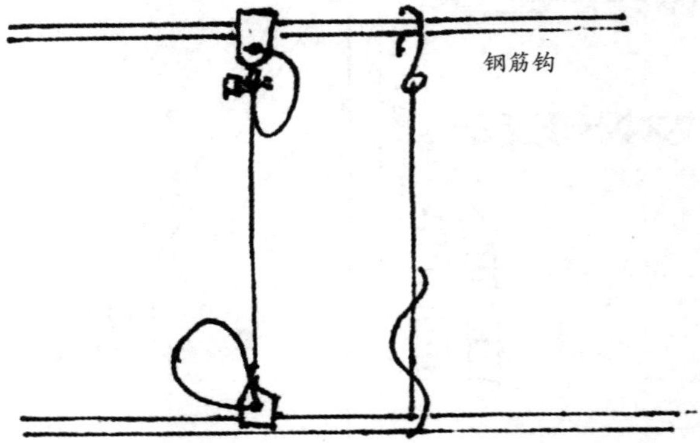

图 29
可调吊弦的巧安装法示意图

方法 31

附加线肩架巧安装法

把肩架、副角钢、螺栓先配成如图 30 所示（针瓷可以配上，也可以安好肩架后再装配）。

把已穿配好副角钢那头的螺栓的螺母调拧到使螺栓间距与其安装位置上杆沿距离差不多宽，配好后用绳子提上杆去，先斜套在杆上，如图 31 虚线所示，肩架针瓷这头螺栓应在肩架安装高度位置上，用手拧紧螺母后，再用扳手拧点劲儿，然后用手再拧紧另一边螺栓上螺母。

安装肩架杆侧的人用肩向上扛肩架，同时杆上那边的人用力压肩架那头，如图 31 箭头所示，使肩架保持水平，扶好肩架，拧紧螺母，循环紧固两次即可。如果有斜拉的附加线肩架，可以先把斜拉底座的两根螺栓全配好，如图 32 所示。

从杆顶套下安装好（约距杆顶 100 毫米处），用滑轮绳（或绳子）吊上如图 33、图 34 所示配好的有斜拉的附加线肩架。把斜拉的附加线肩架用螺栓与底座连接起来（不要安装得过紧，松着上螺母就行，以便安装肩架时灵活）。安装肩架侧的人站低一些，把肩架向外推，从身后反转上来，用螺栓挡在杆沿上。与此同时，杆那边的人也配合托肩架，穿好副角钢，调好水平，循环拧紧各个螺母，挂好绝缘串子即可。

图 30
预配肩架、副角钢、螺栓示意图

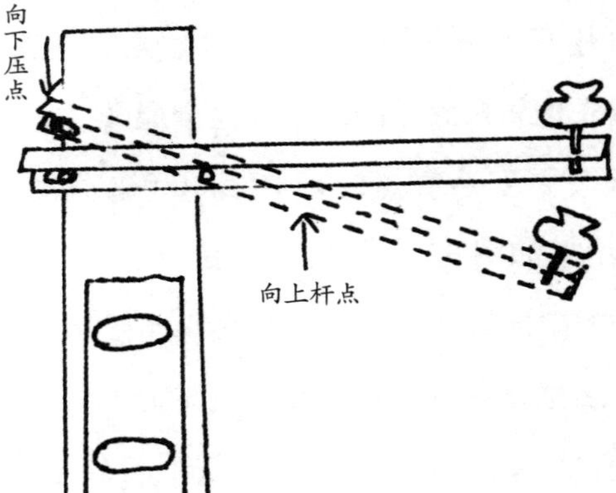

图 31
斜套在杆上示意图（虚线位置）

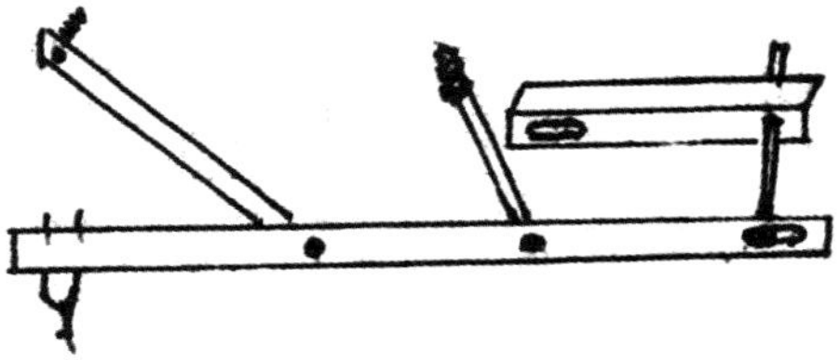

图 32
安装肩架示意图

图 33
斜拉底座预配示意图

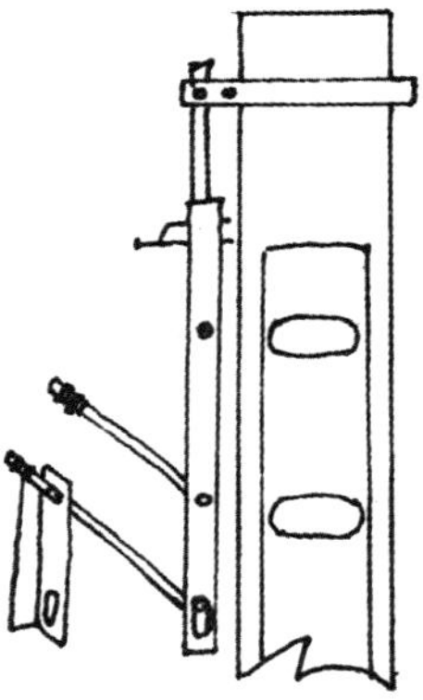

图 34
预配好的有斜拉的附加线肩架示意图

方法 32

增高肩架安装法

一般在平交道口两边的杆子上，回流线、保护线都需要升高，保护线肩架升高没问题，直接升肩架就能满足，而回流线（AF 线）肩架则需增高肩架。

其增高肩架安装方法是，先把保护线肩架安装好，一人站在保护线肩架上，另一人站在另一侧最高点上，把增高肩架拉上来，先立在腕臂底座上边，套上螺栓、副角钢，用手拧螺母让其松动贴近杆子，然后一人站在杆顶上，把安全带系在增高肩架上，站在杆顶用力向上提增高肩架。与此同时，另一人也配合向上托增高肩架和副角钢，到位后，上边的人向上提住增高肩架，另一人尽快地紧拧螺母（据经验，为了快和省劲，先本着一个副角钢往紧拧）。不下滑时，两人配合再换一个循环紧一轮螺母，直到牢固。

方法 33

双腕臂底座安装法

双腕臂底座比较重，但如果用巧妙的方法，也很好安装。

先把双腕臂底座配好后，顶螺丝调到适当程度，并在上面两颗顶丝上绑一根 Φ4.0 毫米铁线，在杆顶最高处的 50 ~ 100 毫米处用双根 Φ4.0 毫米铁线做个套子（刚够即可）。穿过一头环勒住，挂上滑轮、大绳，绳子一头拴在中间两顶丝上的铁线上，如图 35 所示。拉到安装位置后，绳子绑在杆孔上，上边两人操平、紧好螺母后松绳，再同时紧好顶丝即可。

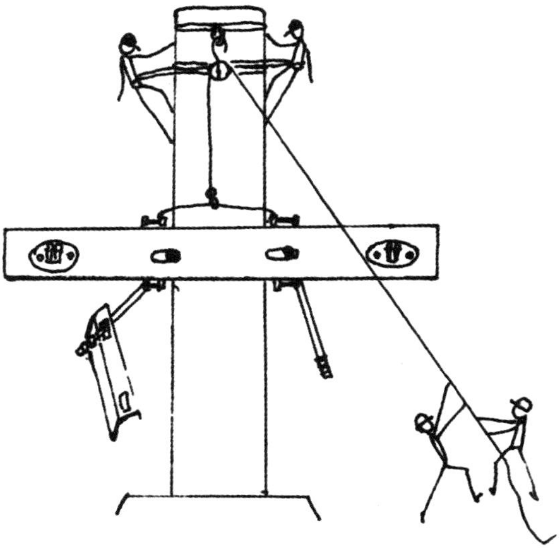

图 35
双腕臂底座安装法示意图

方法 34

人力安装双线路腕臂横梁、吊柱方法

人力安装双线路腕臂横梁、吊柱也不难，可先安装好底座，铁柱顶挂一个 1.5T 绳葫芦、1.5 T 链葫芦、钩上挂一个紧线器，挂一个大铁滑轮，穿一根大绳。绳葫芦钩挂在横梁下底座连接处（不要影响穿螺栓销），算好斜拉线，并做好头端挂好。横梁端拴上大绳，用双根 Φ4.0 毫米铁线在葫芦绳上绑一下以防歪倒，如图 36 所示。拉大绳、紧绳葫芦，直到横梁头与铁柱顶快平时，在铁柱上用双根铁线把横梁绑一圈。换掉在葫芦绳上的防歪倒铁线，再紧葫芦。横梁升到位后，用钢钎撬对好孔（大钢钎），穿进螺栓销，解开防歪倒铁线，慢慢松放大绳，使横梁下落。

快接近水平时，用紧线器打在斜拉线上，用 1.5T 链葫芦调整水平后（略微抬点头最好），可以松开大绳，打好回头，连接在铁柱顶，再调整螺栓，使横梁达到要求，把吊柱从铁柱上吊上来，松套在横梁上，再用一个钢丝套子套在横梁上，挂一个长钩梯子，站一个人，系好安全带。梯钩封住，两端设好防护，并在与车站驻站防护联系好后，下面用绳拉，上推副角钢，直到吊柱滑到位后，紧好螺母，解掉吊柱上的大绳，然后把长钩梯封绑线改为梯钩里头那根套子头，绑在梯

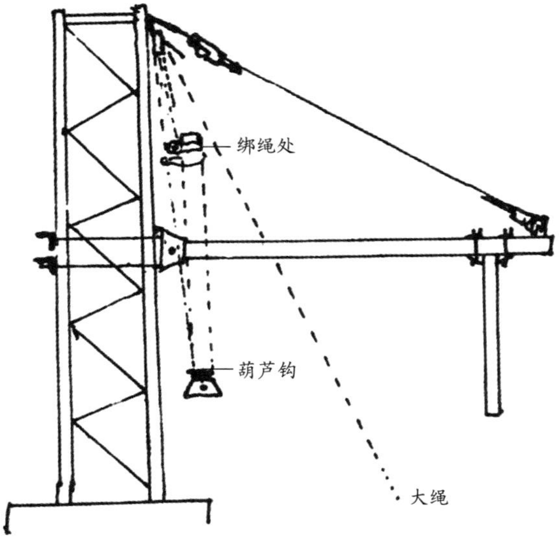

图 36
人力安装双线路腕臂横梁、吊柱方法示意图

钩上。把放横梁的大绳解下，系在梯钩里，人下来，拉起大绳，放下长钩梯即可。

第二章——接触网下部施工方法

方 法 35

巧下底板法

在设计中，许多基坑要求安放一块水泥底板。底板的安装方法很多，这里介绍一种巧妙又安全的方法：把杆坑底清理干净、平整，杆坑的长度、宽度和深度量准后（没下下底板前，需加深 0.1 米，坑底长度、宽度需比底板各长 0.1 米），拿两根 3 ~ 3.2 米铁管或圆木，如图 37 所示，顺坑长方向斜对角放下，然后把底板抬在坑口，顺铁管滑下去后，抬起铁管抽掉放平底板，四边夹实即可，此法也可以用来下锚板。

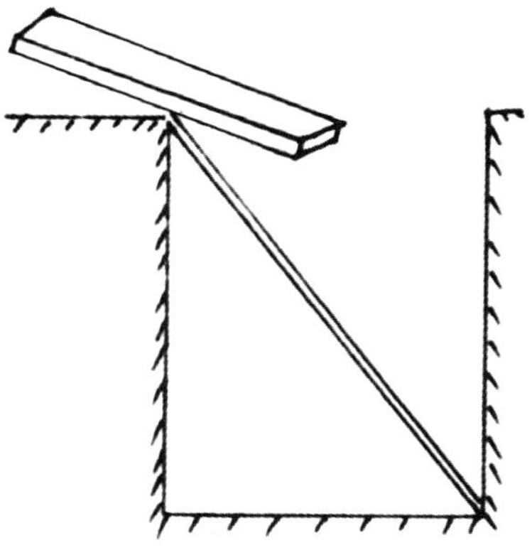

图 37
巧下底板法示意图

方法 36

挖拉线坑遇电缆缩坑口法

挖拉线坑若遇到顺铁路方向的电缆时，视其位置，从电缆旁边缩小坑口长度（据经验，最好向田野侧缩，若缩小后的坑口过小，不便于开挖，可以加长一点），宽度不变，使其坑挖过电缆后逐渐扩到所需的位置和尺寸。

方法 37

巧换锚杆法

若埋好的锚杆需要更换，可将其坑内土掏尽，用一根长钢丝套子勒住（就是将套子一头环从另一头环内穿过去勒紧）锚板一头，用 1.5T 葫芦挂在坑口横杠上提起，顺坑长斜立于坑边，如图 38 所示，斜立两根铁管挡住锚板后，再下人卸掉螺母、“U”形环，换锚杆后重新埋好，此法也可以用于安装锚杆。

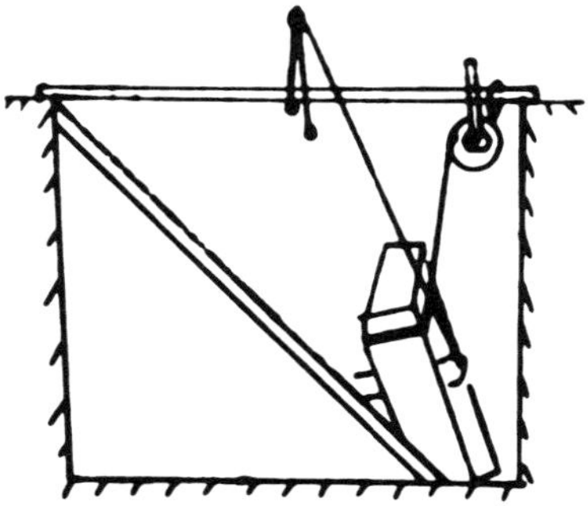

图 38
巧换锚杆法示意图

方法 38

找基础顶面坡度的三种方法

①做一个坡度尺：在一块刨光、厚约 2 厘米的木板上，以垂直铁路方向（负荷方向）的基础长度画一个所需的坡度，并截下约 300 毫米长（以 30 毫米端向 0 毫米方向量 300 毫米），如图 39 上图所示。用时将厚度为 30 毫米端对齐垂直铁路方向的田野侧模型上边后端，两边分别用水平尺测水平即可，如图 39 下图所示。

②水平尺标记法：在已浇制好的基础顶面上垂直铁路方向（负荷方向且坡度正好的基础），把水平尺对好田野侧那头，如图 40 所示，看水平尺方向、位置、水珠位置，并用油漆做

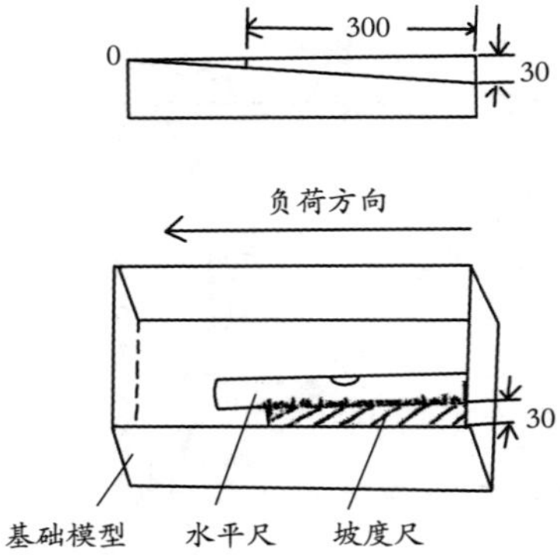

图 39
做坡度尺标记法示意图

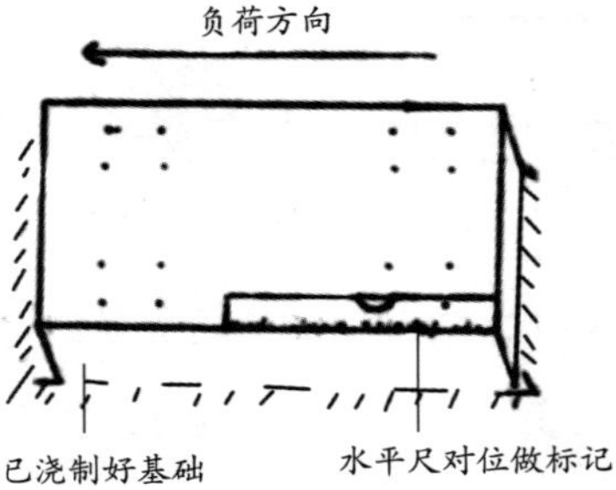

图 40
水平尺标记法示意图一

好标记，使用时以此水平尺，对基础模型进行原方向、位置、水珠位置对位校正，固定即可，如图 41 所示。

③画反方向坡度线，支基础模型时，分别在其两侧边顶面上画一个与负荷方向要求坡度相反的坡度线，如图 42 所示，用水平尺将此坡度线测水平后，固定好基础模型即可。

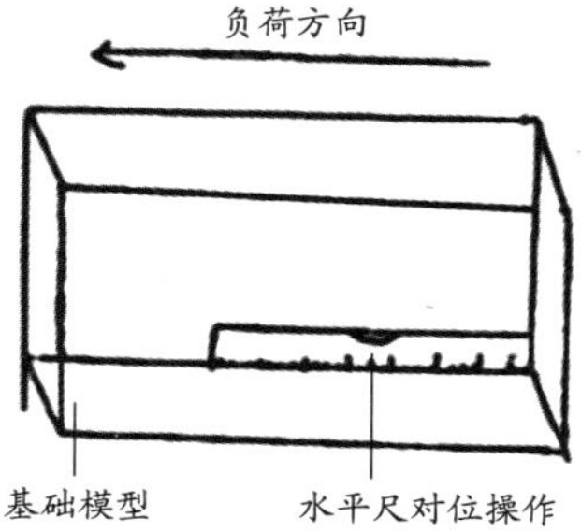

图 41
水平尺标记法示意图二

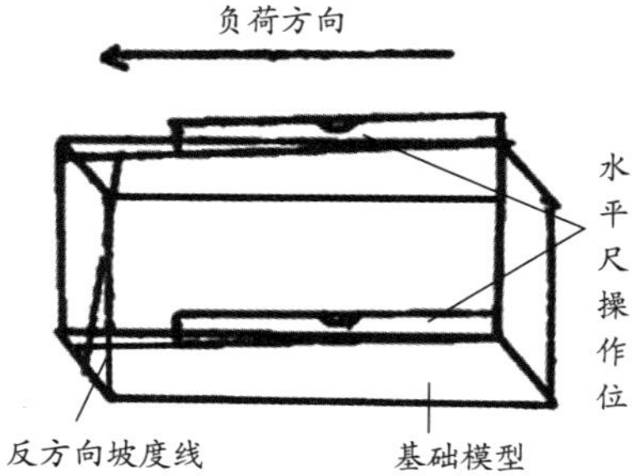

图 42
画反方向坡度线示意图

方法 39

巧做地极连接法

铁塔上连接地极，若接地极焊接钢筋够长或略长一些，不要剪断，可先从其头摵环、摵弯，刷防腐漆，连接好，其余钢筋顺基础弯埋起来即可。

方法 40

巧装框架法

H93、H78 支柱整正安装框架有一个省劲巧法：两人把框架套在杆子上的适当高度后，将框架的田野侧稍高、线路侧稍低（最好保持为平的），并使两螺栓紧贴杆子，一人用手向上按紧田野侧螺栓，使框架不下滑，用扳手拧紧螺母即可。

第三章 接触网施工中的技巧

方 法 41

滑轮组袋装运输和存放方法

运输和存放滑轮组的通常做法是，将滑轮组盘扎好后，拢成一团，然后将其装车运输，或者抬到需要使用的地方。如不需使用，则存放在库房里。在运输和存放过程中，裸露着的滑轮组容易与其他材料、工具缠绕、串挂在一起，给使用带来不便。

滑轮组运输和存放的好方法：将盘扎好的滑轮组装进一个结实的编织袋里，用细绳扎紧袋口。这样无论是运输、存放还是移动，都不会和其他料具缠绕、互挂，滑轮组也不会散乱，如图43所示。

袋装前　　袋装后

图 43
滑轮组袋装示意图

方法 42

巧开铝绑带盘法

为了降低材料成本，现在出厂的铝绑带盘大多使用铁带子来扎盘。铁带子较硬，且绑扎得很平整、紧密，用钳子或手很难一下子打开。

经过仔细分析和实验得出一个好方法，即在铝绑带盘圈外沿的铁带子绑扎处，用钳子或其他硬物向其中心敲几下（在地上磕几下也行），绑扎的铁带子的铁线头就会翘起来，这时就可以轻巧地用钳子或手拉开铁绑带子，打开铝绑带盘，如图 44 所示。

图 44
巧开铝绑带盘法示意图

方法 43

大绳提吊小工具材料法

在实际工作中，用大绳提吊小件东西，如大锤、大扳手、滑轮、针式瓷瓶、悬式瓷瓶、铁管等是很普遍的事情。但大绳比较粗、硬，难以绑紧，绑不好又容易滑落，以下为大绳提吊小工具材料的方法。

①提吊大锤、大扳手：可以先绾一个活扣，将锤把从绑扎环中穿进去，直撸到锤头处，并把活拽扣套在锤头上，拽紧活扣。为了牢固，还可以在锤把上绾个倒勒扣，如图 45 所示。此法还可以用来提吊大扳手。

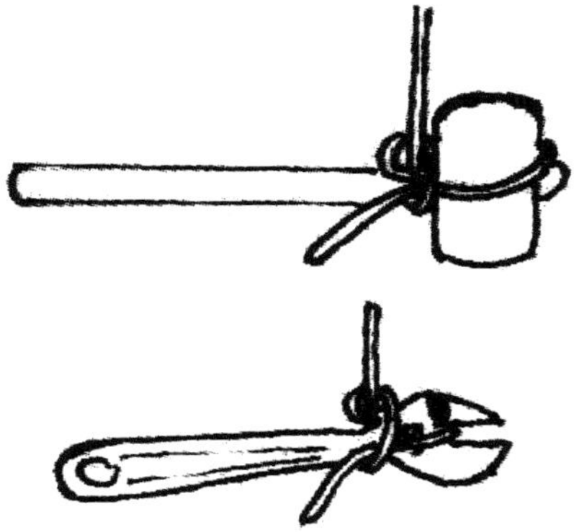

图 45
提吊大锤、大扳手示意图

②提吊小滑轮：通常是把大绳绞股用力拧开个缝，将滑轮钩挂进去，但是一般大绳（特别是新绳）比较硬，难以将绞股拧散。可以将大绳绾个活拽扣，将滑轮槽套进活拽扣里勒紧，还可以把滑轮钩挂在活拽扣里勒紧，如图 46 所示。

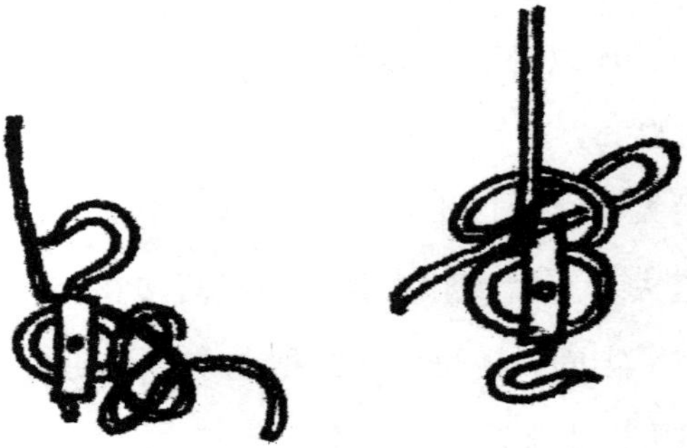

封口滑轮　　不封口滑轮

图 46
提吊小滑轮示意图

③提吊瓷瓶：一是提吊双裙悬式瓷瓶，先用大绳绾个活拽扣，将双裙边的针式瓷瓶塞进活拽扣里，勒住双裙槽，勒紧；二是提吊单裙边针式瓷瓶，可以用铁线在针式瓷瓶的螺杆上紧绕一圈，若是两三个针式瓷瓶，可以依次连串，再将铁线头绑在活拽扣里，缠钩一圈，如图 47 所示。此方法也可以用来提吊单裙边悬式瓷瓶，不过要把铁线绑在弹簧销槽孔里。

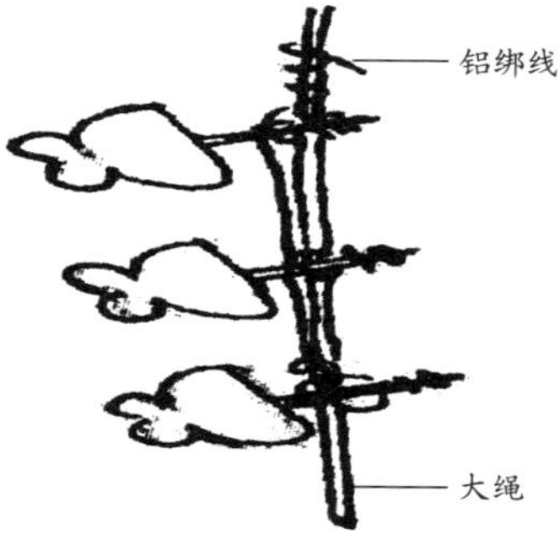

图 47
提吊单裙边针式瓷瓶示意图

方法 44
钢筋搣弯器小改进（防夹手）法

钢筋搣弯器是在接触网地线制作施工中的一个很方便的工具，但是有的钢筋搣弯器在设计、制造时（多数是本公司加工厂自己做的）存在缺陷。比如，把钢筋搣弯器的手动把和支撑把做得一样长，在搣弯用力时，有的钢筋头会突然脱掉，或者钢筋会突然断掉（钢质不好），手动把就会猛地下去，与支撑把叠合，容易夹伤手指，特别是小槽钢型的，造成的伤害更大，因此要特别注意。要彻底克服这一缺点的方法有两种：

①把支撑把锯掉 20 ~ 30 厘米，当手动把柄转动下去，手

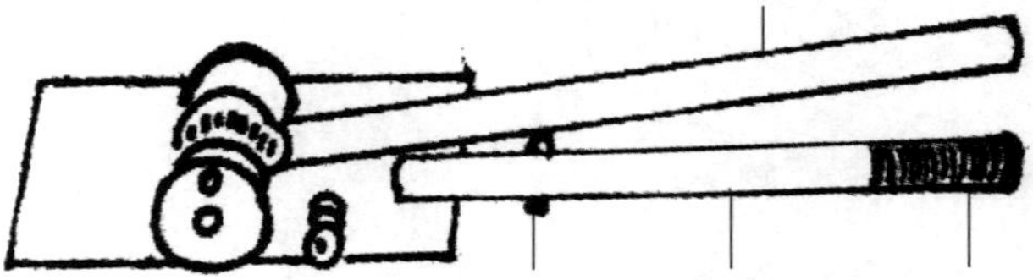

图 48
钢筋撼弯器改进示意图

握处正好落在空中，如图 48“锯掉部分”所示。

②在撼弯器支撑把前边垂直打一个孔，安装一个小调整螺栓，并调整到一定高度，正好顶住突然下落的手动把柄，让手动把和支撑把之间有充足的间隙（约 10 厘米），如图 48 所示 。就算手动把突然落下，也不会伤手。

方 法 45

长钢筋运输、展直法

直长钢筋一般长 6 ~ 10 米，要用汽车运输到工地，属于超长物品，运送起来比较麻烦。可以从钢筋的中间部分弯个弧形大弯，将几根弯好的钢筋重叠在一起，捆扎好装上车运往工地。

运到工地后，可以找一块平地，将钢筋的一头平放在地上，一人用双脚踩住。另一人一只脚踩住钢筋，用一只手把钢筋的另一头向上直立起来，另一只脚抬高，踩在直立的钢筋上，先慢慢地向弧弓背方向推到极限。这时，手撤开，同时脚向外猛踹，使钢筋落地，两人配合用力再弯几下，钢筋基本上就直了，如图 49 所示。

图 49
长钢筋展直法示意图

方法 46

钢筋“C”形弯法

接触网上部地线施工时，要从螺栓上环处过渡到角钢上边去，需要用搣弯器把 Φ10 毫米圆钢筋搣 一个“C”形（即竖、横折、横）的弯。可先在钢筋的头部弯一个螺栓环，然后根据角钢头尺寸弯一个“n”形，再将钢筋斜跨搣弯器头，将搣弯器侧起，穿进钢筋搣 一个直弯。

这时钢筋的形状有点歪，可将其平放在地上，把搣弯器提起来，用其头尖轻轻砸几下，就能使之平整，如图 50 所示。

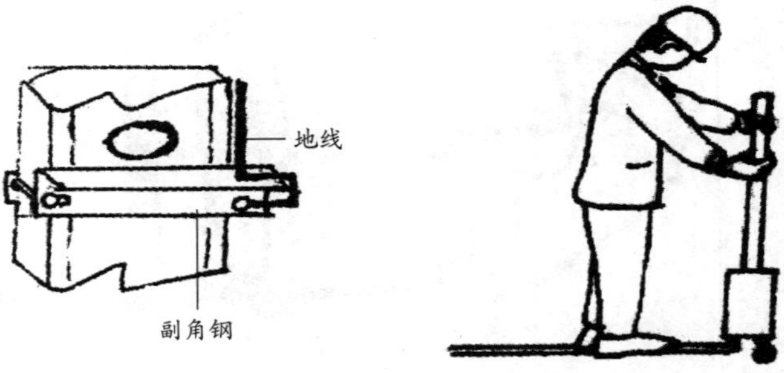

图 50
钢筋“C”形弯法示意图

方法 47

放附加线线盘运输和支架加固方法

铁路接触网放附加线线盘的运输和支架加固传统方法是用Φ4.0毫米铁线在线盘的前后两面打地锚来斜拉加固。这个方法既费材料，又不太牢固，也不安全。

若采用四个钢丝套子和四个0.75T手链葫芦来加固的话，既牢固、安全，又方便、省材料。假若在放线、运输的过程中松了的话，还可以通过紧摇手动链葫芦来加固，如图51所示。

图 51
放附加线线盘运输和支架加固方法示意图

方法 48

一些绳扣的绑法

1．猪蹄扣的绑法

①把绳连续缠绕两圈，从中间分开后，再将两主绳交叉，背交织成一个套，套在要绑的东西上后勒紧，如图 52 所示。

图 52
猪蹄扣绑法示意图

②将绳头从要绑的东西上面穿过去缠绕一圈，然后再从主绳上回缠绕一圈，并将绳头从此环里穿过去，而后拽紧即可。

注意事项：

①如果大绳比较粗，会容易转滑开。为了安全起见，最好再用绳头在主绳上缠绕一圈，缩一个活拽扣勒紧。

②如用的是钢丝绳，就再顺织续扣的方向，用绳头缩一

个背压扣。切勿从主绳上缠绕绑一个活拽扣。

③在角钢或槽钢上绑织续扣，必须将两绳交叉处放在一平面上。切勿将交叉处缩在空面上，以防滑开。

④猪蹄扣必须勒紧后使用，而且受足力后要时刻注意观察其情况。

2. 活拽扣的绑法

从要绑的东西上缠绕一圈，再从主绳上绕回来。将绳头折成双根，插进环里，将双头尽量拽长一些，如图 53 所示。在绑容易滑动的东西时，可以多缠绕一圈，再绑活拽扣。

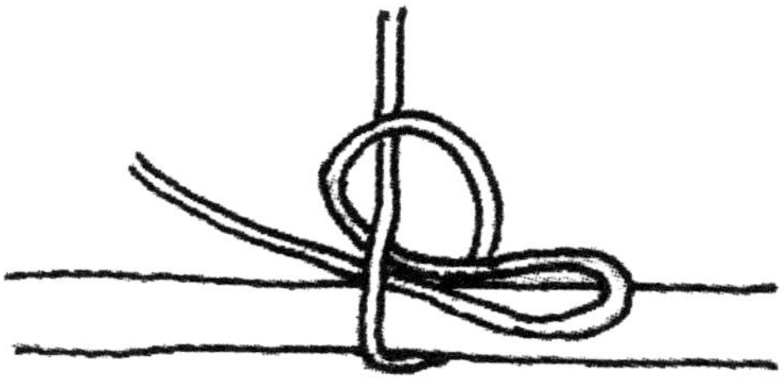

图 53
活拽扣绑法示意图

3. 背压活扣的绑法

在要绑的东西上缠绕一圈，再与主绳缠绕一圈，然后再从绳环上过来，把绳头叠成双头，从环里穿插进去，将主绳往紧里勒，使双头完全压紧即可。但要注意，在角钢、槽钢等要绑的东西上，背压扣一定要在实体面上，这样才能压紧。

4. 拽勒狗扣的绑法

拽勒狗扣又名勒紧扣，会越拽越紧。绑法是将绳头从要绑的东西上缠绕一圈，与主绳再缠绕一圈后，再从环绳穿绕一圈出来，把绳头叠成双头，与环绳交叉，插入主绳上的环里，将双头勒紧，拽主绳将要绑的东西勒住（也就是在主绳缠绕一圈后再在环绳上绑一个活拽扣勒紧，然后拽主绳勒住要绑的东西），如图 54 所示。

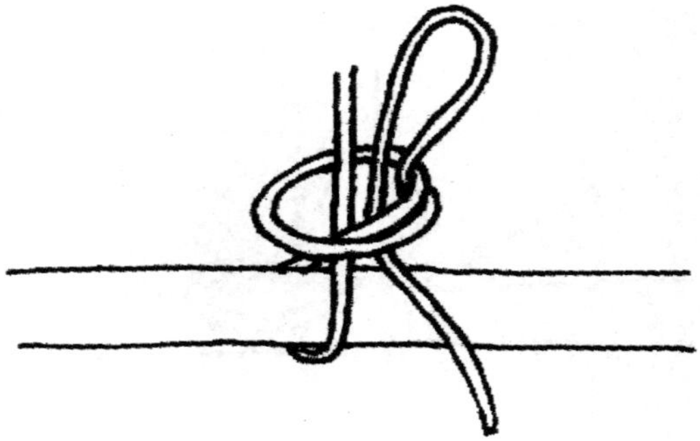

图 54
拽勒狗扣绑法示意图

5. 死扣的绑法

死扣就是将绳头在要绑的东西上缠绕一圈，然后连续交绑两次，每次勒紧即可。

方法 49

一些绳扣的解法

1. 猪蹄扣的解法

有时因大绳受力过大，猪蹄扣被拉得很紧，很难解开。要解开此类扣，可将最外边的绳环用钳子夹住，向主绳方向掰几下或用扳手砸几下，就容易解开了。还可以将绳头向环里（猪蹄扣里）一点点地回推，此法特别适用于钢丝绳。以上两种方法可以配合着轮流使用。

假若是绑在斜物上，就可以直接用扳手的小头砸。如钢丝绳的织续扣绑在葫芦钩上，就可以用扳手向钩尖方向撸砸。

2. 活拽扣的解法

若是大绳受力过大，再加上大绳太粗，就很难拽开活扣。可以把活扣向主绳方向用力掰，只要松了一点，就可以拽开了。此法还可以用来解背压活扣和拽勒狗扣。

方法 50

一人制作铝绑线法

剪一段约 2.4 米长的 70 铝绞股钢芯线或 300 铝绞股钢芯

线（据试验，用 70 铝绞股钢芯线绑扎跳线针跳线 5 厘米需用 1.2 米，两根就是 2.4 米，而针式瓷瓶的顶扎和颈扎需用 2.4 米），将外铝线分成两大瓣转剥下来（一般为两层），然后将剥解下来的铝线瓣的任意一根的一头绑在一个固定处，双手抓住铝线瓣用力向后拽，使绑住的那一根铝线从铝线瓣中抽出来，这样反复，直到分成一根一根的，最后将一根盘成一小圈即可。

方法 51

巧剥吸上线头硬塑胶皮法

吸上线并接线夹与 PW 线并接时，要把线头上的硬塑胶皮剥掉 10 厘米或 20 厘米，可用小刀或钢锯先在要剥的长度标记处环剥断两层皮后，放在平处用扳手先向线头方向轻轻转砸一遍，然后两人一边拽一边顺线胶股方向转扭，这样就能将硬塑胶皮轻松地拽剥下来。

方法 52

垫片沿宽大的处理法

调整钢柱（供电线等）时，有时候底脚螺栓的垫片沿过宽，使得螺栓与钢柱之间戴不下去。面对这种情况，可以先查看垫片沿宽了多少，然后用大剪子将垫片沿碍事处用力对剪一下，把对剪处水平立在铁轨上敲砸几下，使其弯成直角或砸掉，涂上油漆即可。

方法 53

大绳的盘扎法

大绳是接触网施工中不可或缺的日常用具，特别是大棕绳。人们用常用的盘扎法扎好大绳之后，在再拿、运输或存放的过程中，很容易再次散乱开。

这里介绍一种比较简单而巧妙的盘扎方法：将大绳按常用的长吊环式盘扎好后（绑扎头必须比传统的要长出一个盘扎环），再将绑扎绳头从绳扎环中穿一回，并与其绑扎、拉紧，这样就不容易散乱开了，而且用时也容易打开，如图 55 所示。

图 55
大绳的盘扎法示意图

方法 54

砼坠砣对缝法

承导线下锚后的补偿砼坠砣要码成 180 度的缺口，即砼坠砣缝要成一条直线。有时候因为各种原因，砼坠砣缝会错开一些，导致不标准、不美观。要重新对齐码好，需要重新固定住承导线，卸下坠砣，很费时、费力。

可用两根 2 米多长的钢钎或 3 米多长的木杠（约镐把那么粗），一头绑一根长螺栓或长约 50 厘米的 Φ2.0 毫米钢筋棍，螺栓头露出 20 厘米左右，从砼坠砣串下向上逐个挨着对。一人带一根长螺栓上杆子，站在要对的砼坠砣处，用螺栓插入砼坠砣缝中调正坠砣。与此同时，杆下两人手举长钢钎，插入要调正的坠砣的上下坠砣缝里，守住正确的坠砣。

有时因下边的砼坠砣压力大，造成的摩擦力也大。这时可以用钢丝套子勒住要调正的砼坠砣上边，用 0.75T 手链葫芦钩在勒坠砣的套子里，再用一个紧线器将葫芦挂在补偿绳上，提紧几下，然后就能轻松地转动下一个坠砣了。但应注意不要用力过大，以防撬裂坠砣。

方法 55

板锁片方法

随着设计、技术、材料的不断改进，好多螺母都加上了锁片，怎样才能又快又正确地扳锁片呢？通常我们所犯的错误是先把锁片安装上，螺母拧紧，直到调整好后，才扳锁片（长、短锁片一起扳）。其实这只对了一半，经过多次的实际安装、仔细探讨和总结后（工程交工），得出一种扳锁片的实用和正确方法。

在拧紧螺母前，先把长锁片按标准的扳锁在本体上，如图 56 所示，然后用手紧按住，按力矩要求拧紧螺母。等全部调整都到位再不变动时，才把两个短锁片扳贴在螺母的直边上。

这里再介绍一种既经济又方便的扳锁片辅助工具（经济是指代替了螺丝刀），用 Φ4.0 毫米的铁线弯一个环锥形，锥头用锤砸成“一”字形的螺丝刀状，并磨成开刃。有时候两个短锁片紧平贴在本体上，用钳子怎么也夹不住，如果用此工具刃，如图 57 所示，就能把锁片撬起来，用钳子夹贴在螺母直边上。

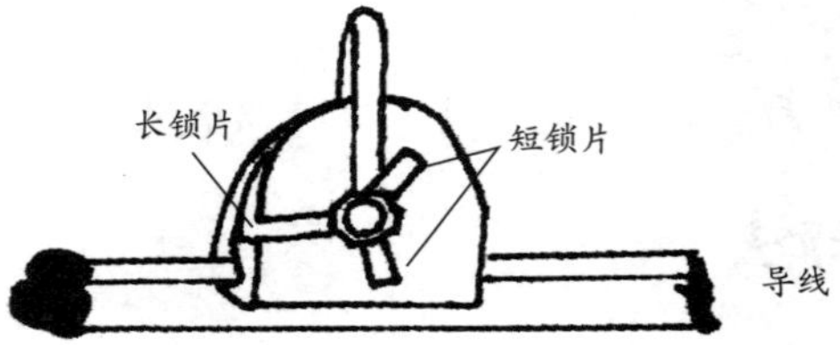

图 56
板锁片方法示意图

图 57
铁线弯成的环锥形

方法 56

携带梅花扳手的方法

在接触网调整中，梅花扳手是很方便、轻巧的工具之一，但梅花扳手在钳套上带不了，大多数人都会在安全带腰环上挂一个铁线钩，把梅花扳手挂在上面。这样，走路时，梅花扳手老在腿上磕碰，上、下梯车或在梯车上动时，扳手也经常容易碰落。这里介绍一种携带梅花扳手的方法。

在钳套的正面侧边一点，钻一个小洞，用一截 Φ4.0 毫米铁线弯成像安全带钩形的铁线钩，钩头从钻好的小洞里穿过来，小环挂在腰带钩的弯挂上，然后弯成“安全带钩”的形状，并把铁线头向外撇一点，这样方便挂、取。这样挂着，也不会磕碰腿，挂、取也方便灵活，熟练了可以不用眼看，凭感觉也能挂、取自如。且两个铁线头并拢在一起，以 Φ4.0 毫米铁线的弹性而言，梅花扳手一般很难脱出，如图 58 所示。

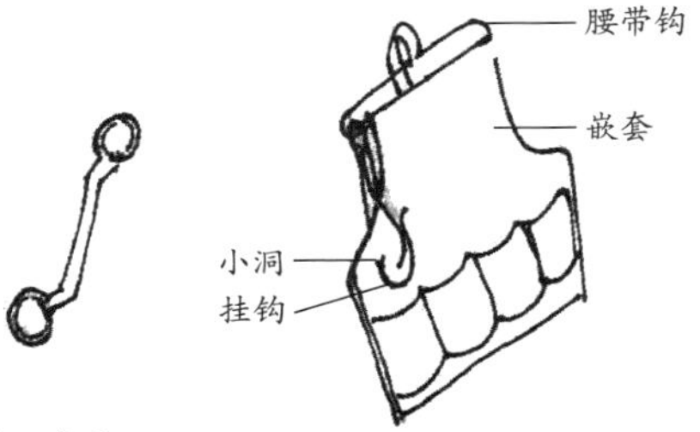

图 58
携带梅花扳手方法示意图

方法 57

挂、取铁长钩梯子方法

人工下锚摘空中线索上的紧线器、滑轮组等，一般将铁长钩梯子挂上，人上到空中去作业。铁长钩梯子普遍长5～6米，挂上和取下时比较费劲，有时容易摔弯或者摔坏，而且经常要三个人合作才能完成挂和取的动作。

这里介绍一个巧挂、巧取铁长钩梯子的方法。在下锚打滑轮组时，在滑轮组上搭一根绳子，两头系上。当紧好线后，要挂铁长钩梯子时，将绳头解开，一头绑在铁长钩梯子头端向下的第二个镫子处，一人向上举梯子，另一人配合拉绳，直到拉上、钩好梯子。待下锚完成后，一人举起铁长钩梯子，另一人配合拉、放绳，直到铁长钩梯子稳当放在地上，取下绳子即可，如图59所示。

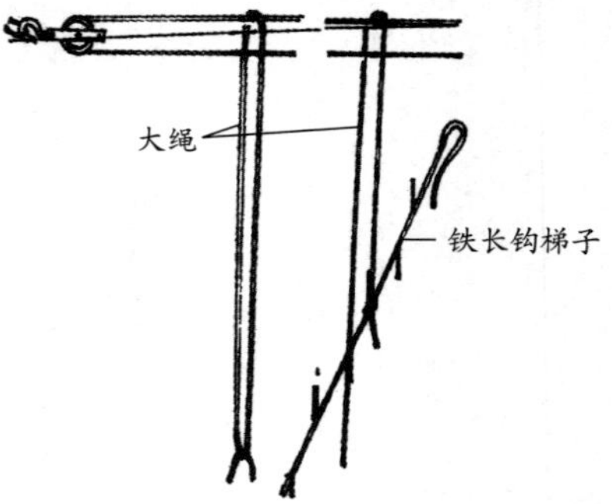

图59
挂、取铁长钩梯子方法示意图

方法 58

滑轮组巧摘法

用滑轮组完成各种作业后（这里以承力索下锚来说明），将铁长钩梯子挂在承力索上，然后将滑轮组尾松开，滑轮组绳交在一起也不松劲。此时，将钩梯挂到紧线器处，一人上钩梯扎好安全带，双手抓住滑轮组尾绳近处的一根滑轮组绳猛拽，然后以此倒换着拽滑轮组绳，使滑轮组松弛，然后摘下滑轮组钩，抓住滑轮组的两根钢丝，让滑轮滑落下去，再放钢丝，使其着地后扔开钢丝绳，人将紧线器带下来，再用巧移钩梯法将钩梯移到补偿杵环杆，摘下滑轮组与钢丝套子，以巧放钩梯法放下钩梯，如图 60 所示。

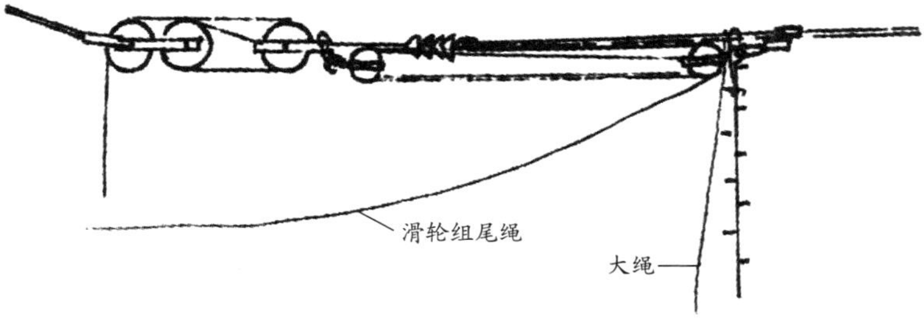

图 60
滑轮组巧摘法示意图

方法 59

防止梯车短接线路方法

在接触网安装中，梯车是一个相对安全、移动灵活、上下方便、效率高的大型工具，在其绝缘性能良好的情况下，人们使用时稍不注意，也容易直接或间接地造成铁路线路短接，具体情况如下：

①梯车上线路时不注意容易造成短接线路。

目前大多数梯车的四个轮中，一般有三个轮子绝缘，一个轮子非绝缘，且形体比较庞大、笨重，需要 4 ~ 6 人共同协作。上线路时立着从路肩横着推上道床，先搭在一条铁轨上滑行上道。有时用力过猛或掌控不当，梯车前边两个轮子会触碰上另一条铁轨。假如触碰铁路（另一铁轨）的轮子为非绝缘（四个轮子表面外形相同，不仔细低头看难以分辨出来），就会直接造成短接线路了。

②梯车上悬挂、放置料具容易造成短接线路。

梯车上悬挂、放置料具是常有的事，可是人们（大多数）有一种错误的理解，认为料具（导电体）搭在一条铁轨上不会造成短接线路。其实这只对了一半，忽视了另一半的可能，即梯车上有一个非绝缘的轮子。假如料具正好搭连在绝缘轮子所在的铁轨上，而非绝缘轮子在另一条铁轨上，那就直接造成了短接线路。还有一种明显的情况，即一台梯车四个轮子都是绝缘的，而悬挂、放置的料具（导电体）并搭连在两条铁轨上，显然会直接造成短接线路。

③一条线路上有两台以上的梯车容易间接造成短接线路。

在同一条线路上（在一个绝缘段内），有两台以上的梯车在同时安装、调整，其中有两台梯车的非绝缘轮子分别在两条铁轨上。假若此两台梯车框架同时连接上接触线，即会间接造成短接线路。

④在线路绝缘处两边有两台以上梯车容易造成短接线路。

在线路绝缘处两边分别有两台以上梯车同时安装与调整，其中有两台梯车（分别有一个非绝缘轮）上框架同时与接触线连通，那便会间接造成短接线路。

⑤站场上接触网刚架设后，多台梯车作业容易造成短接线路。

站场上股道多，岔子不停地变动，线路复杂。接触网线索刚架设时，线索繁多，交错连接，两台以上梯车在不同股道线路上施工。假如同时有两台梯车（均有一个非绝缘轮子）上框架连接上接触线（此接触线是暂时连通的），那么就会造成间接短接线路。

⑥在线索较低的线路上、下梯车容易造成短接线路。

在站场、桥下、隧道口等线索较低的地方（或新架设的线索较低处）有两台以上梯车同时从线路两侧上、下道，上框（有两台的话）碰上接触线，就会间接连接线路。按要求，梯车必须有一个轮子是非绝缘的（接地轮），所以要多梯车上道时，必须要求接地轮都在同一侧钢轨上。

安全防范措施

①梯车上非绝缘轮换成绝缘轮，竹梯车可以把框架与下底盘绝缘开（对角斜拉线改成绝缘的）。

②梯车悬挂、放置料具（导电体）不要搭连在铁轨和底盘上，悬挂、放置要整齐牢靠。

③曲线防止梯车倾倒措施时，切勿用导电体（在邻轨上或道钉上固定）。

④在线索较低的地方，两台以上梯车上、下道时应互相错开时间（勿同时上、下道）。

⑤梯车上应挂上警示提醒牌：挂、放料具要牢靠，注意避免短接线路。

方法 60

用水平尺巧测超高，确定两轨连线中心点高度方法

曲线安装腕臂等需要测超高高度并标记。两轨中心线中心高度测量方法很多，这里介绍一种用一个水平尺和一把钢卷尺就可以正确而巧妙地测出超高高度的方法。

在轨枕约中间的位置找一个点（最好在此点不动时，水平尺在两轨面上找水平时都能够着），垂直倒立钢卷尺，用水平尺分别在两轨面上找水平，如图 61 所示，并从卷尺上测出两个距离数据，然后相减（高轨数减低轨数），即是超高。再

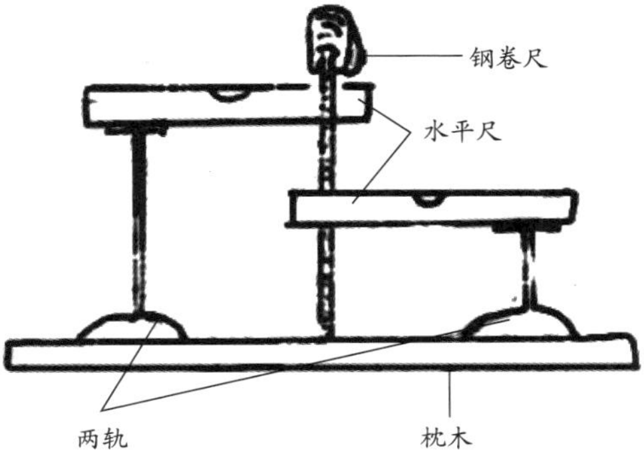

图 61
用水平尺分别在两轨面上找水平示意图

在低轨上加个超高（用硬纸叠的方盒形），从超高顶面与高轨面成一条直线延伸在杆子上，再减去超高的一半，此点就是两轨连线的中心点高度，如图 62 所示。

若水平尺短一点，如图 63 所示，可先从高轨面上用水平尺测水平。钢卷尺垂直倒立在 E 点（任意一点，但最好靠轨枕中点）测量即 A 数据。再把水平尺以 E 点操水平到 C 位（水平尽最长点），用钢卷尺垂直倒立 D 点，测量 C 点至 D 点的数据，钢卷尺不动（D 点），再用水平尺从低轨面操水平，即为 B 点数据，最后计算两轨之水平差即超高为 A-（B-CD）。知道了超高，以上述方法即可找出杆上、两轨连线的中心点高度。

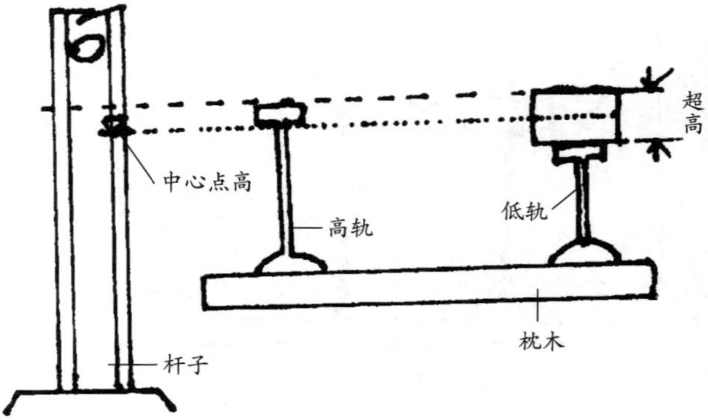

图 62
中心点高度示意图

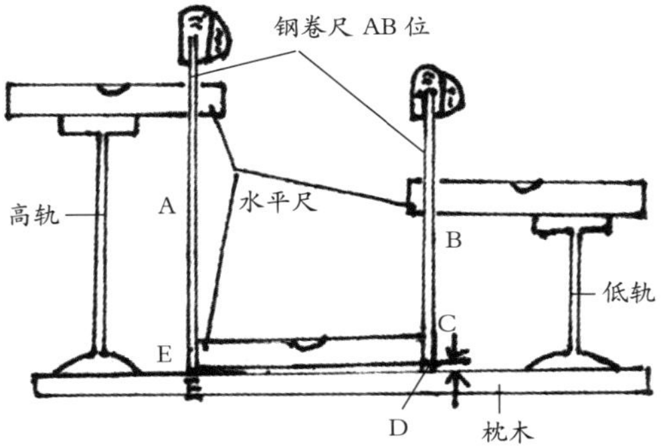

图 63
水平尺短的测量方法示意图

方法 61

巧做钢绞线回头法

预制软横跨横承，特别是双横承时，要求回一头点（摵弯尺寸）、方向精确，用手摵难以掌握。若用摵弯器（钢筋摵弯器）来摵弯就有百分之百的把握，也省力，楔子也容易打密贴。但不要摵得过死，以防断股、松股。

方 法 62

巧绑扎、断线法

承力索换鞍子需要夹 200 毫米长的同型号、同材料铜绞股线副线。传统的绑扎制作方法速度太慢，这里介绍一种巧妙的绑扎方法。将绑扎线在要制作的铜绞线上绕两圈后，做一个拉长环（以钳子能进入环内断开为准），再绕两圈，以此方法连着线上缠好多（以 200 毫米长为 1 个环，即断开后为两个绑扎来计算，线的长度除 200 毫米），然后用钳子把拉长环断成两个，再移至适当的位置绑扎紧，用大剪子铰断即可，如图 64 所示。此方法比传统的方法要快约 2 倍。

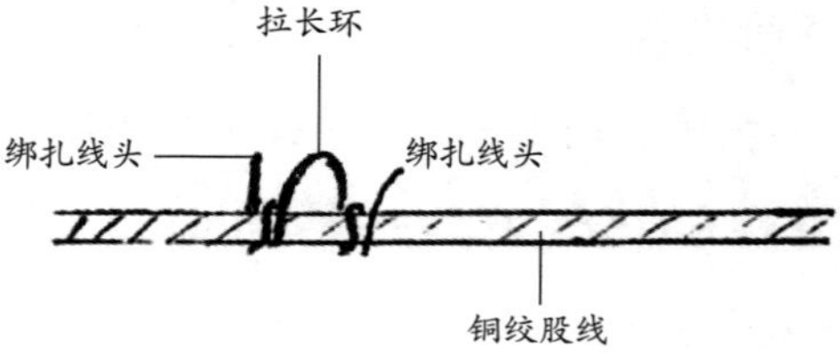

图 64
巧绑扎、断线法示意图

方法 63

空中巧断线法

空中断线在接触网施工中是常有的事，比较费劲。这里介绍一种比较省劲的巧断线法，先用大剪子在要断线之处用力铰一下，然后用大剪子尖先将线的一半铰断，再断剩余的另一半线，此法省力、快速又安全。

方法 64

巧妙移动铁长单钩梯子

现在人工落锚普遍用铁长单钩梯子，既方便又安全，很是实用。可是若将铁长单钩梯子从线上一点移动到另一点却比较费劲。这里介绍一种铁长单钩梯在线上巧妙移动的方法：先将铁长单钩梯子的下端向要移动的位置方向的相反方向倾斜，用手举起向前滑动，这样既省劲又灵活，如图 65 所示。

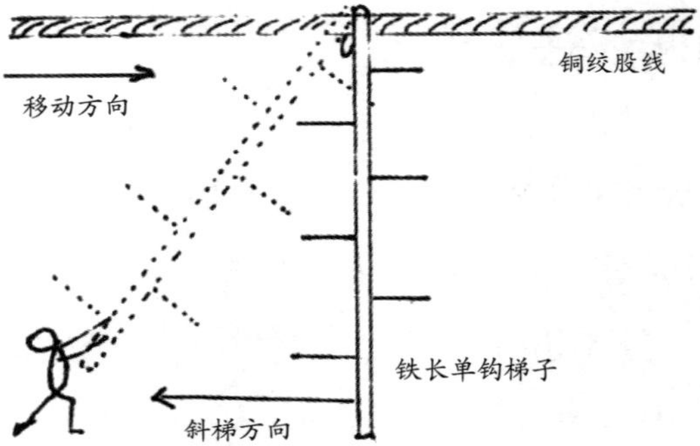

图 65
巧妙移动铁长单钩梯子示意图

方法 65

平吊坠砣法

给竖着的吊坠砣加坠砣，上部作业人员会比较费劲。可以把坠砣平着用绳头绑住，吊到位后，上部作业人员把坠砣槽对好，只需要轻轻地推进坠砣杆上，解掉绳子即可。

绑绳方法如图 66 左图所示，绳子提起点，绳头绕过坠砣与坠砣杆槽垂直，再吊绳环点，必须在坠砣平起的重心点上，绳头背扣压在坠砣侧面。勒紧绳后，绳绕绑环与坠砣杆槽保持垂直（便于加坠砣、好解绳）。这样上提吊坠砣时，能使坠砣保持平正，如图 66 右图所示。

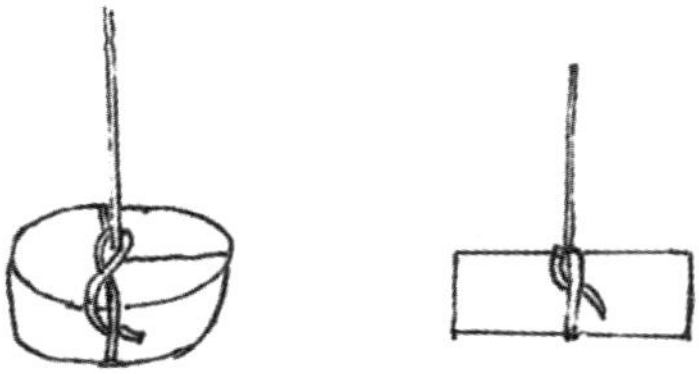

图 66
平吊坠砣法示意图

方法 66

顶线盘截长线法

在接触网施工中，有时需要从一大盘线上截下四五十米甚至一两百米的一根长线（人工放中锚、做吸上线、跨越等）。这里有一个简单方法，把线盘一边，用两块东西挡住其两边（以防滚动），用一根比线盘略高一些的木杠子顶在线盘上沿，支起点线盘（或用木杠子顶住线盘上沿，用锹挖掉下边的土，使线能从线盘边下面抽过来就行）。先用钢卷尺量一下周长，计算出需要的圈数，然后从线盘上一圈一圈地以木杠子为圆心顺圈盘好，数着圈数，计算长度够用后剪断，捆扎好，填好线盘底下，打掉木杠子即可。此法不损线、不打弯、不拧劲儿，很是实用，如图 67 所示。

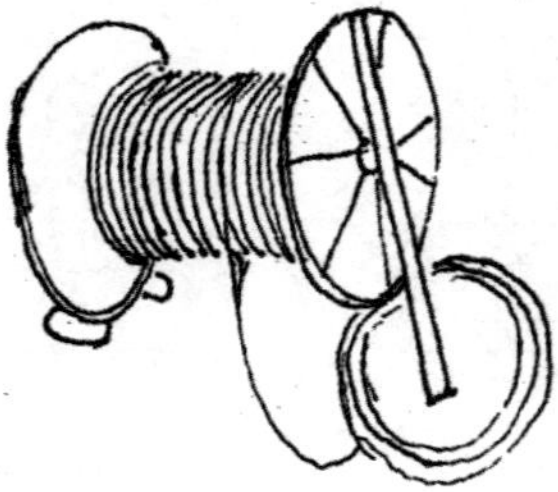

图 67
顶线盘截长线法示意图

方法 67

巧夹吊弦“S”固定夹片法

迁曹线（菱角站）用的铜吊弦头有一个“S”形铜固定片，是用来固定其吊弦头的。有的人习惯用铜丝来缠绑它，这样给调整和维修都带来不便。

这里有一个巧妙的方法，先把吊弦头拉直，在“S”形铜固定片的上、下用钳子夹一下，如图 68 所示箭头方向，然后将两根线平夹一下，再在“S”形铜固定片上、下用钳子使劲夹紧即可。

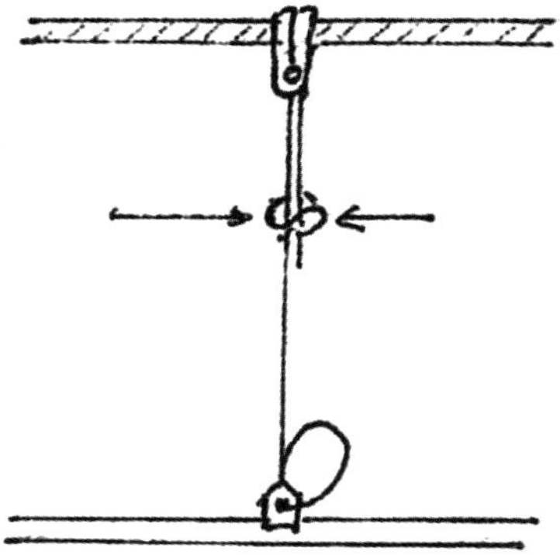

图 68
巧夹吊弦“S”固定夹片法示意图

方法 68

放附加线线盘、放线轴防窜法

放附加线时最忌线盘、放线轴来回乱窜。为防止这一现象，可在放线轴上靠线盘两边各紧贴安装一个“U”形抱箍（即 2 寸约 67 毫米的棒瓷上压抱），两支架外侧也各安装一个抱箍，如图 69 所示。在线盘与轴上转动处抹上黄油，以防轴与线盘摩擦力太大而轴也随线盘转动，导致轴在放线架子上移动。另外，线盘支架最好两边保持水平。

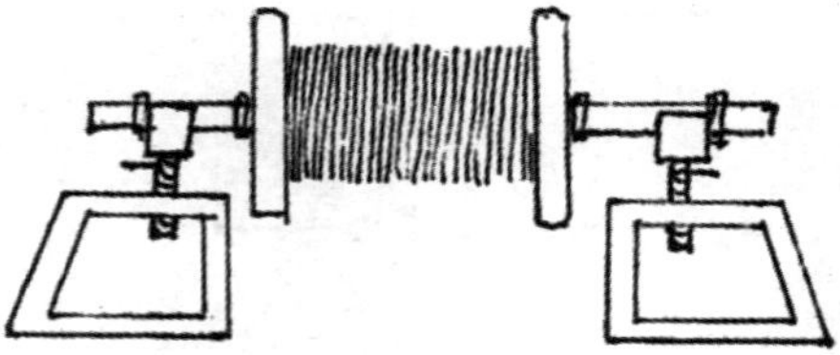

图 69
放附加线线盘、放线轴防窜法抱箍安装示意图

方法 69

放附加线平交道口安全通过法

放附加线通过平交道口时，必须设专人防护，并且随时有停止拽线命令传达。平交道口较小，车辆、行人少，且路为土质时，可在道口上顺线方向挖一个一镐头宽、100 毫米深的槽，把两边石子清理干净。当来车时，先挡住车，联系停止拉线后，把线拽放入土槽内，盖上宽木板，指挥车慢行。有自行车通过时，手拿一个滑轮，把线放滑轮槽内举起来，让其快速从下通过，行人可从附近杆下指挥急速绕过。在车辆较多的平交道口，可用一台梯车挂一个滑轮，把线放入后，加设封脱铁线套，四个人稳住梯车，一人在旁指挥车辆。

方法 70

铝绑扎线巧做法

针瓷、跳线、吸上线等需要铝线绑扎，一般常用的铝线是从剩余的铝线头上截下所需长度的铝绞股线后，拆开一根一根剥下来。这一方法比较慢，可以换一种方法。

先截两段铝绞股线，把铝绞股线分成两半，逐层剥下来。一人用手抓住一头，另一人从另一头拽其中一根，直到拆成一根根的单根，再用手或缠绑线管缠成一小圈即可，以此法还可以制作铜绑线。

方法 71

软横跨Φ4.0毫米不锈钢线直吊子做头法

随着设计的变化，软横跨直吊子已改用Φ4.0毫米不锈钢线，其线钢性比较大，钳子不容易铰断，给直吊子制作带来一些困难。

为此，可先把双根铁线撑直截好，并排一头弯一个圆圈，穿进横承线平直吊子孔中。铁线圆环中加一个小管（与环同粗者更好），用钳子夹一根、推一根的做法，用力缠绕三圈后，用小剪子铰一下，但不要铰断（似断非断最好），用钳子夹住摵线，使两头（铁线铰一下的印痕）都紧贴住主线时，折断即可。

方法 72

绑扎梯车绑线接头法

为了节约物资和绑扎结实，竹子梯车绑扎线可以直接接头。方法是两铁线头都留 30 ~ 50 毫米长，向回做个直钩，两头钩挂在一块，如图 70 所示，继续拽紧绑扎。当绑扎好后，再把接头处两个头用钳子拧紧、剪短、砸顺即可。

图 70
绑扎梯车绑线接头法示意图

方法 73

滑轮组巧分顺法

滑轮组使用前必须分顺，两个人分很容易，一个人也有一个巧分顺方法。可先把滑轮组撑开展直，从滑轮组顺牵引方向开始分（即向滑轮组尾绳头方向，这样若有窜钻也好区分），把双滑轮立放在地上，人站立在滑轮组绳里，如图71所示。使左、右脚夹中间绳头，两脚外侧各一条滑轮的下边绳，对应的左、右手各提着滑轮的上边绳，向尾绳头方向顺分。分到头后，取出尾绳头，左、右脚各顺踩住一根绳，左、右腿外两边各一根，用手捋顺即可。

图 71
滑轮组巧分顺法示意图

方法 74

巧撑滑轮组法

滑轮组用完后要撑展盘扎。撑展的方法一般有两种：两头撑拽法和一头挂住、一头撑拽法。这两种传统的方法都比较费劲且慢，还有一种巧妙的撑拽法。这种方法比前两种方法要省一半力。

撑展巧法是先把滑轮组尾绳头套在滑轮组钩里，用套子挂住其钩，把其余尾绳拉向另一端。一人用安全带钩挂在滑轮组钩上向后拉，另一人配合抓住向后走动的那一根绳（也就是尾绳从拉的这端滑轮出去，又从另一端绕过来的那一根）向后猛拽，两人配合，直到捋顺为止，盘扎好。如图 72 所示。

图 72
巧撑滑轮组法示意图

方法 75

整杆器巧保养法

整杆器用一段时间后，需要润油保养。这里有一方法，可把整杆器端丝筒头顶丝松开，卸下丝筒头，把丝杆拿出，用铁刷和棉纱把丝杆、丝杆筒清理干净，刷上黄油安装好，再把整杆器端支起悬空，用一个钩螺栓（横卧板钩钉）穿在丝杆连接头孔里，用螺母上下松松，把钩螺栓上住，如图73所示。用手摇柄来回转动丝杆两头，使油均匀，丝杆转动灵活后收好。

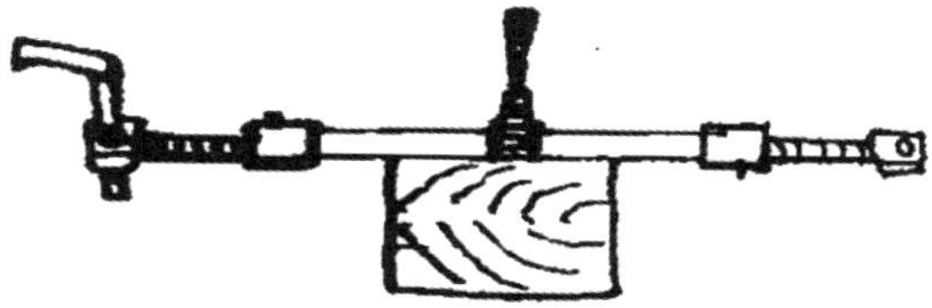

图73
钩螺栓安装位置示意图

方法 76

涂油漆防止螺母松掉

滑轮组、滑轮手扳葫芦、大剪子等工具在使用途中松、掉螺母是时有发生的事，若在螺母和螺杆头上涂一层油漆，干后可以防止螺母松掉。

后记

《巨晓林工作法——接触网施工方法》是我对自身20多年来探索出的巧妙的接触网施工方法的总结。书中的每一种方法都力求省力、快速、安全，相关领域内的操作人员掌握这些方法后，能提高工作效率和安全生产水平。然而，随着铁路电气化事业的飞速发展，设计、材料、技术和工具等不断改进，施工方法也需随之改变，而且一个人的能力也是有限的。因此，我愿和大家共同进一步探讨。

这本书的顺利出版，离不开中铁电气化局集团一公司六段李红江、杜志波、葛雪绨、李定恒等领导的关怀和鼓励，也离不开罗江宏、赵荣有、王胜利、王庆祥、姚升等好友和同事的指导和大力支持，在此我深表感谢。

由于水平有限，加上时间仓促，书中难免错误和不足之处，望大家批评指正。

巨晓林

2018年1月